沖縄県知事
玉城デニー

デニー知事
激白!

沖縄・辺野古から考える、私たちの未来

多様性の時代と民主主義の誇り

[撮影 山城博明]

高文研

Denny

2018.9.30　沖縄県知事当選

［撮影 山城博明］

2018.10.4　沖縄県庁初登庁

［沖縄タイムス社提供］

2018.10.12　安倍首相(中央)、菅官房長官(右)と当選後初会談(首相官邸)

［共同通信社提供］

2019.4.25
満員の聴衆を前に
(東京・早稲田大学)

［撮影 NISHI］

沖縄慰霊の日

2019.6.23
沖縄全戦没者
追悼式での
平和宣言
［撮影 YAMA］

Fuji Rock Festival

2019.7.28
フジロック
フェスティバル
ゲスト出演
［撮影 SAWA］

■本書のなりたち

2019年4月25日（木）に「沖縄県知事講演の集い」実行委員会が主催した

『玉城デニー知事が早稲田に来る！
――沖縄県知事講演の集い@早稲田大』

が、早稲田大学（東京・新宿区）で開催されました。

＊オープニングライブ　TOYOさん（三線アーティスト）
＊講演
沖縄県知事・玉城デニーさん「沖縄・辺野古から考える日本の地方自治」
県民投票の会・元山仁士郎さん「県民投票の経験からみた沖縄と日本」

以上のプログラムで、参加者は学生、市民を合わせて800名を超える盛会となりました。

本書はその集いの中から、玉城デニー沖縄県知事の「沖縄・辺野古から考える日本の地方自治」と題した講演を中心に、参加者から寄せられた質問に知事が答えた部分を基にして再構成、加筆のあと、講演で配布された『沖縄から伝えたい。米軍基地の話。Q&A Book』(2017年3月、沖縄県発行)、今年(2019年)の沖縄全戦没者追悼式での平和宣言などを加えて編集したものです。

*

「**沖縄県知事講演の集い**」**実行委員会**を構成したのは、以下の会です。
*早稲田から広げる9条の会(早大教職員9条の会)
*安保関連法の廃止を求める早大有志の会
*沖縄平和ネットワーク首都圏の会
*沖縄戦の史実歪曲を許さず沖縄の真実を広める首都圏の会(沖縄戦首都圏の会)
*生活と憲法研究会(早大学生サークル)
【後援】早大憲法懇話会

玉城デニー知事  が早稲田に来る！

沖縄県知事講演の集い @早稲田大

イラスト：TOYOさん

日時・場所

4月25日（木）

18:00～20:30（18時開場）

早稲田大学 早稲田キャンパス

14号館201教室

入場無料
どなたでもご参加頂けます。

開場＆オープニングライブ：18:00～

TOYOさん（三線アーティスト）

講演：18:20～

玉城デニー氏（沖縄県知事）

「沖縄・辺野古から考える日本の地方自治」

元山仁士郎氏（県民投票の会）

「県民投票の経験からみた沖縄と日本」

主催「沖縄県知事講演の集い」実行委員会

早稲田から広げる9条の会（早大教職員9条の会）／安保関連法の廃止を求める早大有志の会／
沖縄平和ネットワーク首都圏の会／沖縄戦の史実歪曲を許さず沖縄の真実を広める首都圏の会（沖縄戦首都圏の会）／
生活と憲法研究会（早大学生サークル）

後援 早大憲法懇話会

デニー知事　激白！

沖縄・辺野古から考える、私たちの未来—多様性の時代と民主主義の誇り

＊——もくじ

＊—はじめに　7
1　生い立ち——父がアメリカ兵、母がウチナーンチュ　9
2　産みの母「おっかあ」と育ての母「アンマー」　12
3　ウチナーグチを使うハーフ　17
4　思いもよらなかった翁長前知事からの後継指名　19
5　フェイク（偽）ニュースが飛び交った沖縄県知事選挙　22
6　知事に就任して半年……　28
7　琉球の、そして沖縄の歴史　33
8　可視化されていない沖縄の基地問題　44
9　多発する米軍関係の事件・事故　48
10　辺野古新基地建設に伴う埋め立ての賛否を問う県民投票　55

11 民主主義を踏みにじる日本政府の対応 57
12 沖縄県の埋め立て承認の撤回について 62
13 辺野古の海に新基地は造れない 66
14 一刻も早い普天間飛行場の危険性除去を 71
15 安全保障は日本全体の問題 74
16 日米地位協定の抜本的な見直しを 80
17 知っていますか、沖縄と基地経済の本当のこと 86
18 沖縄と日本の未来と民主主義について 92
■―会場からの質問に答えて 98
＊沖縄全戦没者追悼式　平和宣言（2019・6・23） 105

写真提供：沖縄タイムス社
装丁＝商業デザインセンター・増田　絵里

沖縄県知事

玉城デニー（たまき・でにー）

1959年　10月13日、沖縄県与那城村（現・うるま市）生まれ。
1983年　3月、専門学校卒業後、沖縄に戻る。
　　　　福祉関係、バンドマン、内装業、音楽関係などの職を経験する。
1989年　4月、ラジオパーソナリティーとしてタレント活動を始める。
2002年　9月、沖縄市議会議員選挙に立候補し、トップ当選。
2005年　9月、衆議院議員選挙に沖縄3区から民主党（当時）から立候補するが、落選。
2009年　8月、衆議院議員選挙で初当選。
2012年　12月、衆議院議員選挙で小選挙区は落選するが、比例九州ブロックで復活当選。
2014年　12月、衆議院議員選挙で3期目当選。
2017年　10月、衆議院議員選挙で4期目当選。
2018年　8月29日、故翁長雄志知事の急逝による沖縄県知事選挙に出馬表明。
　　　　9月30日、投開票された県知事選挙で過去最多の39万6632票を獲得、初当選。
　　　　10月4日、第8代公選知事に就任。

✺はじめに✺

ハイサイ、グスーヨーチューウガナビラ（皆さんこんにちは、ご機嫌いかがですか）。沖縄県知事の玉城デニーです。よろしくお願いします。

今日、私にこのような発言の時間をいただき、本当にありがとうございます。しっかりと今後の私の行動にも重みを持たせていかなければと受け止めております。

さきほどの三線アーティスト・ＴＯＹＯさんのオープニングで、カチャーシーが出てきましたね（笑い）。カチャーシーっていうのは、本来なら会の最後にやるんです。でもこうやって自由に踊るというのは、何の技術も持たないけれども、みんなで一緒になってお祝いしましょうよっていうウチナーンチュの根本的な、何というんでしょうか、横のつながりを表しているんです。

だから、どう踊ってもいいんです。音楽に合わせて空手の型を披露しても結構ですし、すきな立ち居振る舞いで、みんなで楽しいという――それがカチャーシーですね。

カチャーシーというのは、かき混ぜるという意味です。だから、手ぶりもかき混ぜるみたいですけれども、みんなで輪になって、あるいは向かい合って、こんなふうに。ぜひ皆さん、エンディングで踊りたいなーと思っています。

皆さんにお配りした『沖縄から伝えたい。米軍基地の話。Q&A Book』。これはあまりにも沖縄の基地問題にフェイクニュースが蔓延（まんえん）しているので、沖縄県がしっかりと、何て言うんですかね、「何もなかったところに米軍基地ができたんじゃないの？」とか、本当なの？　嘘なの？　ということが書かれています。

すべてではありませんが、この中に書いてあるものを読んでいただくと、「あ、そういうことなんだ」とわかっていただけると思います。

1 生い立ち——父はアメリカ兵、母がウチナーンチュ

Denny

私の自己紹介からいたします。

沖縄本島の真ん中の右手に、ピッととんがったところがあります。与勝半島、勝連半島と言いますが、その先っちょの方の旧与那城村（今のうるま市）で1959（昭和34）年に生まれました。

その前年の1958年まで奄美と沖縄で使われていた「B円」という軍票、紙幣から通貨がドルに代わりました。ですから私が生まれた1959年以降は、当時の沖縄ではドルを持っている人が勝つんだという、いわゆるサービス業です、兵隊を相手に金を稼ぐのが一番儲かるということで、基地の周りのサービス業が非常に華やいだと言いますか、それで財を成した方がずいぶんおられます。

私の父は、当時、沖縄の米軍基地に駐留していたアメリカ人です。海兵隊員です。私が母のお腹にいる時に帰国命令が出て、「では一緒にアメリカに戻ろうか」ということになっていたときに、母はお腹が大きくて、私が産まれてから行くよということで、父は帰ったんです。帰ってからもしばらく手紙や写真のやり取りは続いていたそうです。しかし私が2歳くらいの時に、母はアメリカに行かない決心をしたそうです。その時に、やりとりした手紙も写真も燃やしてしまったのです。

私の本名は「デニス」です。玉城デニス、小さい時からデニー、デニーと呼ばれていました。でも今の本名は違います。小学校4年生の時に、母親が「これからは日本の社会で仕事をするから、日本の名前に変えよう」と言って、変えました。

徳川家康の「康」の字と、石原裕次郎の「裕」の字で、康裕と言います。ですから、正式に県知事として公共工事を発注するときは本名の「玉城康裕」で署名します。そういうところ以外は「玉城デニー」で通じますので、玉城デニーで活動させていただいております。ですから職員の皆さんにも「玉城知事でなく、デニー知事と言ってね」と言います。そのほうが言いやすいでしょ、と言ったら「あぁそうですね」と納得してくれました。

1 生い立ち――父はアメリカ兵 母がウチナーンチュ

というのは、沖縄では同姓がたいへん多くて、玉城という姓の人がいっぱいいますからね（笑い）。デニー知事だと、日本中には一人でしょうから（笑い）。

そんなわけで、私は父がアメリカ兵、母がウチナーンチュです。今では「多様性の象徴」だと思っています。大学を出ているわけでもないし、自分の叔父さんとお祖父さんが伊江村という島の村会議員はしていましたけれども、私は直接その系列でもないので、世襲議員ではありません。

しかし、玉城デニーという、まぎれもないウチナーンチュの、沖縄生まれ、沖縄育ちの――今年還暦を迎える男がですね――沖縄県知事になって、その多様性を沖縄県知事として発揮するために、このお役目をいただいたのではないかというのが、私が県知事に当選してからずっと思っていることです。

誰一人取り残さない社会を実現する。それは国連が提唱するＳＤＧｓ（エスディージーズ　Ｓｕｓｔａｉｎａｂｌｅ　Ｄｅｖｅｌｏｐｍｅｎｔ　Ｇｏａｌｓ＝持続可能な開発目標）という取り組みの基本的な言葉ですけれども、それも私は「誰一人取り残さない沖縄」という優しい社会を作りたい。そのために知事として頑張りたいと思っています。

2

産みの母「おっかあ」と育ての母「アンマー」

Denny

子どもの頃、母はシングルマザーで、子どもを抱えて働くわけですから良い給料はもらえないんですね。

それより前のことになりますが、１９５０年に朝鮮戦争が勃発（ぼっぱつ）します。その戦争に米軍も「国連軍」の主体となって参加します。

それで、太平洋戦争が終わって一部アメリカ本国に引き揚げていた米軍が日本に戻ってくるのですが、50年代から60年頃にかけて山口や静岡、東京など日本の各地で基地反対運動が起こっていたため、米軍は日本本土での基地を拡張できなかった。

それでどうしたかというと、米軍は沖縄にやってきたんですね。日本に駐留し

沖縄の米軍基地の変遷

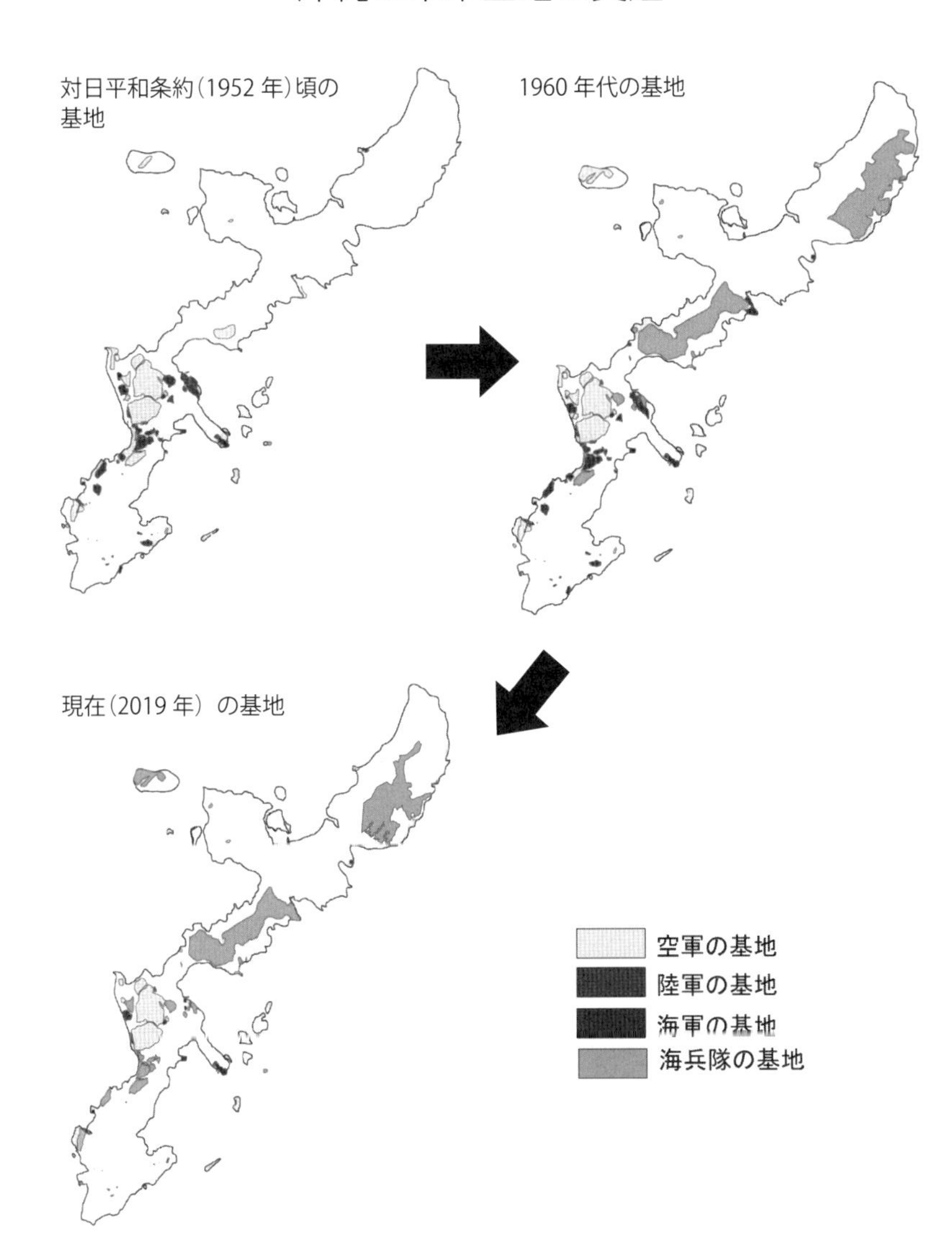
対日平和条約（1952 年）頃の基地
1960 年代の基地
現在（2019 年） の基地
空軍の基地
陸軍の基地
海軍の基地
海兵隊の基地

ていた海兵隊が沖縄に移って来て、キャンプシュワブとか、キャンプハンセンとか、沖縄は当時日本の施政権下になかったため、米軍はやりたい放題だった沖縄で基地を新たに造り、拡張していったという、そういう経緯があるわけです。

ですから、基地が造られ、米兵がたくさんいるから、シングルマザーだった母も、そういうお店で働いている女の人の身の回りの世話をする、掃除をしたりご飯をつくったり、そういう住み込みの仕事をしたほうがお金になるので、私をある方のお宅に預けて働いていたんです。

月に一回くらい、母が会いにやってきてくれるんですよ。

そのとき私を育ててくださった方が、自分の子どもじゃなくても愛情を持って育ててくれました。その方が、私の今の多様性と言うか、ダイバーシティにつながることを教えてくれました。

私が小さい頃いじめられて帰ってくると、どうしたのーと言って、「気にしないでいいよ。10本の手の指は、太さも長さもみんな違うよ。みんな違っていいいん

2 産みの母「おっかあ」と育ての母「アンマー」

だよー」【トゥーヌイービヤ、ユヌタキヤネーラン。ムルチガトーンガ、ムルジョートーヤンドー】（十ぬ指や、同丈無らん。むる違とーしが、むる上等やんどー）と、ウチナーグチ（沖縄方言、しまくとぅば）で語ってくれたんです。

だから私は、いじめられてもいじめない人間になりました。いじめられる辛さも痛みも知っているから、誰かをいじめることはしなかったんです。

今はもう言語が消滅しかかっているから、ここまでウチナーグチを使える人は少なくなっています。そのことに実は私は危機感を持っています。私たちは、このウチナーグチがなくなっていくことに……。私たちの小さい頃はごく一般的にウチナーグチを使っていたので、子どもだった私でもこういうことを語りかけられたことを覚えているんです。

それからもう一つ。これはすごいですよ。

「容姿は一枚の皮でしかない。それをはぎ取ってしまえば、みんな赤い血が流れている。同じ格好をしているでしょ？　気にしないで」【カーギェーカワドゥヤンドー】と。

そう言われると、確かに紫の血は見たことないし、心臓を3つも4つも持っている人も見たことないし。みんなおんなじと言うことが、この言葉を聞いて分かったんです。だから、みんな違っていいんだと思ったんです。

それ以来、私は当然ですけれども、肌の色や目の色が違うことをコンプレックスには思いませんし、またそれで人を区別するということもありませんでした。ですから、そのとき教えられた言葉で、私の今のいわゆるダイバーシティの性格はできたんだと思っています。

まぁ、ものすごいやんちゃ坊主でしたけどね。好奇心旺盛で、とにかくやってみないと気が済まない。

そういう性格は今でも変わりません。

県知事になって、やってみなきゃ気が済まないと言って、しょっちゅう県職員を困らせていますが、少しずつそういうところも直しつつも、誰一人取り残さない沖縄を創っていきたいなあと思って取り組んでいます。

3 ウチナーグチを使うハーフ

Denny

私は1983年に、東京にある上智社会福祉専門学校を卒業して、沖縄に戻って老人福祉センターという施設の職員をしていました。

そこに勤めた後、まあころころ変わるんですが、内装業に勤めたり、ちょっとお店で歌ったり、それからバンドのマネージャーをやったりと、いろいろとやりました。

一番長くやったのはラジオのパーソナリティーですね。ラジオとテレビの仕事で13年くらいやらせていただきました。そのとき「玉城デニー」という名前の、ウチナーグチを使う変なハーフの人がいるということで、皆さん興味を持ってくださったみたいです。

当時、「おじいちゃん、おばあちゃんが85歳のお祝いだから、デニーさん司会をしてくださいね」という依頼がありました。

「何で僕ですか?」と言ったら、「デニーさん、ウチナーグチ上手だから、おじいちゃん、おばあちゃん喜ぶから、お願い」(笑い)。

こういう顔をしてますけど、普通にウチナーグチも話しますし、カチャーシーも踊るもんだから、ちょっと特異な存在だったのかもしれません。まあでも、皆さんが楽しんでくださるのであれば、大いにやりましょうということで、それもまたいろんな方たちと接点をつくることにもなりました。

4 思いもよらなかった翁長前知事からの後継指名

Denny

翁長雄志（おながたけし）前知事が生前、私のことを「戦後の沖縄を象徴するような存在で、多分いろいろ苦労もしてきているのだろうね」と、おっしゃっていたそうです。

私が衆議院議員になってからですが、いろんな方から、実は翁長さんが「デニー君は相当苦労して政治家になったんだろうね」と言ってましたよって、聞きました。

だから翁長さんが亡くなられて知事選で浮上してきたあとですが、今、急にあなたの名前が出たんじゃないんですよ。実は翁長さんが亡くなる前からあなたの名前が出ていたんだと……。

私が県知事選挙への出馬要請を、受けるべきか受けざるべきかを真剣に考え始めたときに、そんなふうに声をかけてくださる方がいたんですね。ですから、そういうことを考えると、まさに翁長知事から託された沖縄の想いを、いまここで途切れさせてはいけないし、萎えさせてもいけない。

自分が大政治家・翁長雄志に並ぶことはできなくても、少しでも自分なりに翁長さんが遺そうとしたこと、やろうとしたことを実行できるのであれば、自分はその道をしっかり引き継がせていただきたい……ということで、出馬要請を受けました。

早稲田大学での講演（2019年4月25日）

ですから、私がこのように自分の生い立ちを語るということも、沖縄の多様性を大切にするという政策を具現化するために必要なことだと考えています。

これからはいろんな多様性を持った人たちが、いろんな立場からいろんなことを「正論」として提言してくると思います。

それを最初から門前払いするのではなく、お互いの生き方やそれまでの行動などを分かり合った上で、私たちはどうしていくべきかを探求していくことです。

そういう時代の中で、若い人たちが、今日の県民投票条例制定請求者・元山(もとやま)仁士郎さんのように、県民投票で力を合わせて「やっぱり今自分たちが考えていることを、こうしたい」という話につながっていくことは、非常に素晴らしいことだと思うんですね。

5

フェイク(偽)ニュースが飛び交った沖縄県知事選挙

Denny

さて、沖縄県知事選挙です。

翁長雄志さんから、そのバトンを受け継ぐかどうかで悩みに悩んだ末、衆議院議員という職責を負った身ではありましたが、県知事選挙に挑戦させていただきました。

非常に光栄なことであり、心底悩み抜きましたけれども、多くの方々に「デニーさん、あなたしかいないよ」と励ましていただいて、決意をしました。

選挙においては、翁長前知事が最期の瞬間まで守り続けていた「辺野古新基地建設反対」、そして「誇りある豊かさ」、それに加えて私は「新時代沖縄」というキャッチフレーズを掲げました。

あと3年すれば沖縄は復帰して50年。1972年に沖縄の施政権が日本に返還されてから50年です。つまり私たちは、日本国憲法のもとにやっと帰れた、日本国民であるはずの、その50年を振り返ると、ここから先の50年で沖縄をどういう島に、どういう地域に、そこに生きていく人たちにどうやってその道筋を歩んで行ってもらうのかを、真剣に考えなければならないということが、私のもう一つの選挙でのテーマでもあったと思います。

5 フェイク(偽)ニュースが飛び交った沖縄県知事選挙

選挙期間中、インターネット上には、さまざまなフェイク(偽)ニュースが飛び交いました。隠し子を認知していないとかね、私、心配して自分の戸籍を調べに行きました(笑い)。大丈夫でした。

それから大麻に関わっていたとか、それを勧めていた会社の社長が知っていたとか……。

その社長は「いえ、デニーはうちの会社で働いたことはないし、そんなことはない」と、自らメディアに話をしていただきました。

あるいは、宜野座村にある小沢一郎さんの別荘、その別荘を造るのに地元業者が嫌がったのに、デニーが「小沢の命令だから造れ」と言ったとか。

それを現公職の人が、短文投稿サイトのツイッターでリツイート（再投稿）して拡散したりとか。

これはもう法的手段に訴えようということで、提訴させていただきました。泣き寝入りしないということを宣言しました。

2018年の2月、名護市長選挙の時にフェイクニュースが蔓延して、そのときにきちんとカウンターできなかった、反論できなかったことによって、さまざまな後悔と反省が私たちの中に残りました。

メディアの皆さんも非常にそのことを悔やんでおられました。どうして本当の情報、本当の政策で選挙の判断を導くことができなかったんだろう。それは私たちの怠慢であり、大きな反省だということなんですね。

ですからフェイクではなく本当のことを伝えるためには、そのための根拠をしっかり示して、本当はこうなんだということを、堂々とそれを表に出さないと

5　フェイク（偽）ニュースが飛び交った沖縄県知事選挙

知事当選の瞬間（2018年9月30日）

いけない。

そうしないと若い人たちは、ネットの中を探してみると、さも「玉城デニーはこうこうだ」というニュースが流れていると、「本当にそうなんだな」と信じてしまうんですね。つまり、嘘であっても多くの声がそこに蔓延していると、その世界の中ではそれが正論だと思えてしまう。

だからこそ、多くのファクトチェックの関係者の皆さんが、名護市長選挙以降このままではいけないということで、私の県知事選挙の時には、それぞれのメディア、それぞれの立場から取り組んでくださったと思います。

直接私にも、電話やメールがありました。

「デニーさん、私、東京にいるけど、東京でどんどんやるからね」と。

福岡にいる人、大阪にいる人、北海道にいる人。つまり皆さんがいらっしゃる場所から、この県知事選挙は正しい選挙にしなければいけないという、その思いで動いていただいた方々が、いっぱいいらっしゃったんです。

ある方は実名を出し、ある方は実名は出せないけどきちんと反論するために、ニュースソースからそういう記事を選んで、それをアップして、「ほらこうじゃないか」と。デニーが言っていることは合ってるじゃないかと、そういうことを出しながら、応援していただいたんですね。

ですから、私はそういう一人ひとりの皆さんの力があって、39万6000票余りの過去最高の得票で県知事に当選させていただいた、その責任も併せていただいたと受け止めております。

公平で公正な選挙をする上で必要なのは、正しい情報です。その候補者が掲げる政策を見比べてみる時に、裏情報やいろんな情報をとる。そこに間違った情報が貼り付けられていたとすれば、それはもはや本人が言っていることとは全く違う情報になってしまいます。

その情報を、私一人が候補者として跳ね返すことなんて、到底できません。1対何万、1対何十万になってしまいます。

しかし「私を一人にしない」という、多くの皆さんの思いが民主主義を守ることにつながっていった。

実はインターネットの世界でも、その気付きによって、自分が正しいと知っていることを発信することができる。これがネット社会をあるべき方向に変えていく形になっていくのではないかなと、私は選挙戦を通じて思いました。

6

知事に就任して半年……

Denny

知事に2018年10月4日に就任してから約半年、あっという間でした。とにかく走りながら考え、飛行機の中で考え、車の中で考え、行動しながら考え、ということをモットーに私はやっています。考えてから行動するんでは、遅いような気がするんです。この半年間はあっという間だったと自分でも思うんです。

ご承知の通り、私は知事に就任するまで、衆議院議員をしておりました。国会議員は、いわゆる防衛族や厚生労働族といったように、特定の専門分野に関する活動を行いますが、県知事は行政の長として、さまざまな分野の業務に取り組む必要があり、厳しい判断を迫られる場面も少なくありません。

基地問題だけではなく、経済、文化、教育、保健医療など、県民の生活や産業などに関する幅広い職務に取り組んでまいりましたが、特に基地問題です、沖縄県知事の仕事の半分は、基地問題だといわれています。それは突発的に起こってしまう事件や事故に、常に初動で対処しなければいけないからです。メッセージを出さなければいけないからです。そのためにはどういう状況なんだということを認識しておかないといけないんですね。

ですから、そういうアンテナを常に張っておかなければいけない。だから、沖縄県知事の仕事の半分は、米軍基地があるがゆえのさまざまな状況に対応せねばならないという、現実的な問題があると思います。

でも非常に身の引き締まる思いも致しますし、同時にやりがいがあるとも思います。なぜなら、安全保障は沖縄だけの問題ではありません。日本国民全体の問題です。そのことを皆さんに伝えなければいけないということが、沖縄県知事には間違いなく託されていると思います。

このように講演をさせていただくときも、お配りした『沖縄から伝えたい。米軍基地の話。Q&A Book』に書いてあることを、地道に伝えていくことが沖縄県知事の大切な役割であると思います。

Q 沖縄にはどれだけの米軍基地があるのですか。

A 沖縄県には、31 の米軍専用施設があり、その総面積は 1 万 8,494 ヘクタール、本県の総面積の約 8%、人口の 9 割以上が居住する沖縄本島では約 15%の面積を占めています。その面積は東京 23 区のうち 13 区を覆ってしまうほどの広大な面積です。

沖縄が本土に復帰した昭和 47 年（1972 年）当時、全国の米軍専用施設面積に占める沖縄県の割合は約 58.7%でしたが、本土では米軍基地の整理・縮小が沖縄県より進んだ結果、現在では、国土面積の約 0.6%しかない沖縄県に、全国の米軍専用施設面積の約 70.6%※が集中しています。

（※平成 30（2018）年3 月現在は 70.3%）

また、陸上だけではなく、沖縄県及びその周辺には、水域 27 カ所と空域 20 カ所が訓練区域として米軍管理下に置かれ、漁業への制限や航空経路への制限等があります。また、その規模は、水域が約 54,938㎢で九州の約 1.3 倍、空域が約 95,416㎢で北海道の約 1.1 倍の広大なものとなっています。

（平成 28 年 3 月 31 日現在）

都道府県別の
在日米軍専用施設面積の割合
（2019 年 3 月 31 日現在、防衛省統計より）

都道府県	面積	全体面積に占める割合
合計	**263,176 千㎡**	**100.00%**
北海道	4,274 千㎡	1.62%
青森県	23,743 千㎡	9.02%
埼玉県	2,035 千㎡	0.77%
千葉県	2,095 千㎡	0.80%
東京都	13,193 千㎡	5.01%
神奈川県	14,731 千㎡	5.60%
静岡県	1,205 千㎡	0.46%
京都府	36 千㎡	0.01%
広島県	3,538 千㎡	1.34%
山口県	8,672 千㎡	3.30%
福岡県	23 千㎡	0.01%
佐賀県	13 千㎡	0.00%
長崎県	4,686 千㎡	1.78%
沖縄県	**184,944 千㎡**	**70.27%**

【キーワード】米軍専用施設：自衛隊が管理する共用施設とは異なり、もっぱらに日米地位協定のもとで管理・運営され、基本的にはその運用に国内法が適用されず、また、立ち入り許可なども米軍の裁量によりなされる施設。

Q&A Bookより

Q 沖縄本島中南部にある米軍基地の状況を教えてください。

A 沖縄本島中南部都市圏には、県民の8割以上（約120万人）が暮らし、その面積は北九州市、人口は広島市、人口密度は神戸市と同じ水準にあり、政令指定都市に匹敵する都市圏となっています。

中南部都市圏の米軍基地（専用施設）が所在する9市町村には、市街地を分断する形で約6.587haもの米軍基地が存在しており、その割合は当該市町村面積の約22.6%にもなります。たとえば、「世界一危険」とも言われる普天間飛行場も、そのような中南部都市圏の宜野湾市に所在し、市域面積の約15%を占めています。

このような米軍基地の存在は、長期にわたり望ましい都市形成、交通体系の構築、産業・機能の集積などの地域振興を実現していく上で大きな障害となっています。

在日米軍再編においては、宜野湾市の普天間飛行場や浦添市の牧港補給地区など嘉手納飛行場より南の施設・区域の返還が、日米両政府により合意されています。

米軍基地が返還されることで、跡地の有効利用が可能になり、沖縄全体の今後の振興・発展につながっていくことが期待されています。

Q&A Bookより

Q 沖縄の軍用地の特徴を教えてください。

A 沖縄県を除く全国の米軍基地・区域では、約87%が国有地ですが、沖縄県では、約23%が国有地、残り約77%が県有地、市町村有地、民有地となっています。

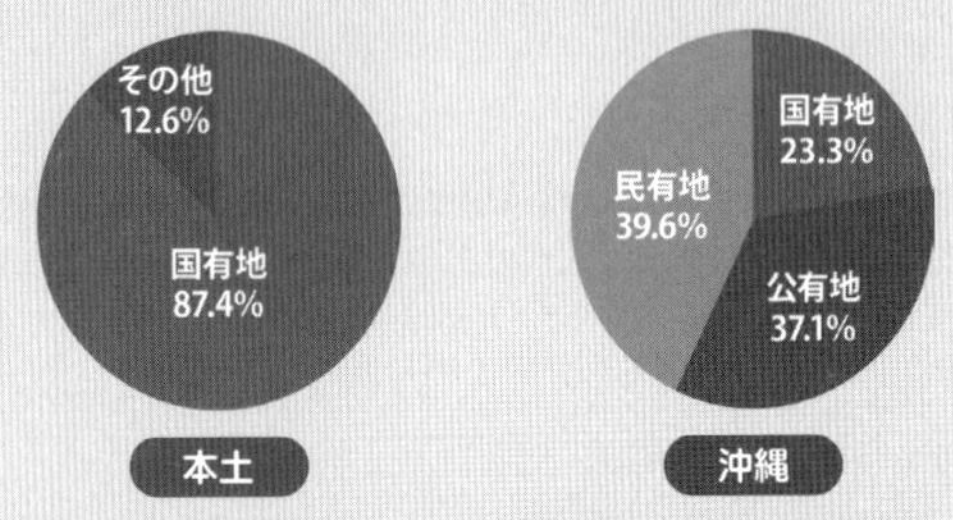

これは、県外の米軍基地の大半が戦前の旧日本軍の基地をそのまま使用しているのに対し、沖縄県では、旧日本軍が使用した区域にとどまらず、沖縄戦後も米軍による公・民有地の強制接収が行われたことが背景にあります。

特に、本県の人口の8割以上が居住している沖縄本島中南部の嘉手納飛行場より南の米軍施設・区域では、民有地が約88%を占めている状況です。

本県の米軍基地は、ただ単に面積が広大であるばかりでなく、その所有形態においても他の都道府県の米軍基地とは経緯を異にしているのが特徴です。

公有地が民有地に比べて極端に少ないため、基地返還跡地におけるまちづくりを円滑に推進するためには、早い段階から道路や公園等の公共施設用地を確保する必要があります。

このことからも、沖縄の米軍基地問題は整理縮小だけではなく、返還跡地の利用促進を図る上でも解決しなければならない多くの課題を抱えていることが分かります。

7 琉球の、そして沖縄の歴史

Denny

沖縄はかつて、450年に及ぶ琉球王国の時代がありました。日本と中国、朝鮮、東南アジアを駆け巡って、大交易時代を謳歌していた時期もありました。そういう琉球王国ですが、今から約150年前、1879年、明治政府に併合されました。いわゆる「琉球処分」です。

実は「歴代宝案」という、これまでの琉球王国が中国を主体に諸外国といろいろな文書を交わした公文書がありました。沖縄と日本政府との間でも両方にそれぞれその原文を保管してあったはずなんですが、沖縄は戦争で焼け、東京は公文書館かどこかに保存してあったものが、関東大震災で焼けてしまったんです。つまり、原文がない。

しかし、これでは良くないだろうということで、約30年前に学者の先生方が立ち上がり、沖縄県が予算をつけて、25年の歳月をかけて写本をもとに「歴代宝案」を復元したものが、２０１６年12月に完成しました。「歴代宝案」校訂本全15冊、４４３年間の公文書です。

ただそれは漢文の資料ですから、なかなか読み込めないいんですね。それで、今現在はその訳注本を作っています。15冊のうち、今14冊できていますが、それ以外に「辞典」「総索引」「補遺編」「歴代宝案概説書」などができるには、あと10年かかるそうです。

私が国会議員の時に、外務委員会や安全保障委員会で質問をしました。沖縄はかつて、アメリカ、フランス、オランダと修好条約を結んでいます。その歴史的文書が残っています。日本政府は、独立国として琉球王国があったということを認めますかと質問したら、認めないんですね。昔は確かにそういうことがあったということは認めるが、結局日本は一つの国なんだという考え方なんだそうです。

ちょっと待ってください、４５０年間独立国だったんだよ。首里城を中心とす

7 琉球の、そして沖縄の歴史

る「琉球王国のグスク及び関連遺産群」は、世界文化遺産に登録されているじゃないですか。嘘だっていうんですか？　と言ったら、うーん、でも日本政府の解釈としては、そういうことがあったであろうということはわかっておりますが、それ以上のことは言えないということなんですね。

なぜこんな話をするかと言いますと、例えば今、本当に安全保障を語るときに、日本の安全保障はこの間どうだったのかということを、歴史をたどらなければいけない、その必然性があるということです。

近くは第二次世界大戦に至るまでの、明治政府になってから昭和までの富国強兵の時代、あるいはその前の江戸幕府の時代。幕末には黒船がやってきて、琉球には水だとか、薪だとか、食料を求めた。そのために修好条約を結ぶわけです。つまりは国として、国家間の国と国の条約を結んだという経緯があるのです。

そういうことをたどって丁寧に、これからの未来を日本はどのような安全保障を国民に対して負うんですか？　ということを説明するためには、日本という国の安全保障がどうだったのかを、ちゃんと検証する必要があるのではないかと思うんです。

琉球王国の世界文化遺産

復元された首里城(しゅりじょう、沖縄本島南部)

今帰仁城(なきじんじょう、沖縄本島北部)

勝連城(かつれんじょう、沖縄本島中部)

中城城(なかぐすくじょう、沖縄本島中部)

座喜味城（ざきみじょう、沖縄本島中部）

園比屋御嶽（そのひやうたさ、沖縄本島南部）

識名園（しさなえん、沖縄本島南部）

玉陵（たまうどぅん。王家の墓所。首里城の近く）

ですから琉球は30年かかって、歴代宝案も中国や台湾の研究者の方々の協力も得て、向こうの公文書館の協力も得て、しっかりそれを残さなければいけない、その歴史的責任を未来のために果たさなければならないという事業にも取り組んでおります。

こういう話をしますと、いわゆる、沖縄がこの戦後の激しい時代を、虐げられてきた時代だけを、まるで被害者意識のように喧伝しているという方もいるかもしれません。

しかし、それを言うんだったら、「１６０９年の薩摩の侵攻はどうなるんでしょう？」というところまで話を戻さなければならなくなるんですね。かつて琉球が交易をしていた明、清、その交易の利益を搾取しようとしたのはどこだったのか、ということも含めると、いろんな研究をしなければならないということがわかってきます。

今から74年前、第二次世界大戦のときは、軍人と住民を含めた悲惨な地上戦が行われました。沖縄戦の研究者によると沖縄県民約10万人（当時の県民の４人に

1人）を含め20万人を超える方々が亡くなられました。そして戦後はほとんどの住民が収容所に収容され、約2年間、その間に米軍が勝手に土地を接収して、基地を造っていくわけです。

その基地の第一段階の工事が終わった1947年頃から、先遣隊という形で、かつての住民たちの集落に行って、砲爆撃によって地形が変わってしまったところを調べ、かつてはここには○○さんの家があった、○○さんの畑があったということを点検をしてから、皆さんが収容所から戻っていったといいます。

ところが、基地があるところに戻ってきた人は、帰るべきはずの土地がない、戻るはずの家も焼き払われてもうない。そういう方々が、基地の周辺にいる親戚の方とか、あるいはもう戦争で住む人がいなくなってしまったところを借りて、家を建て、住まざるを得なかったという沖縄の戦後のスタートがあります。

しかしそれは、沖縄の戦争が終わって最初に基地が造られた以降も、さきほど申し上げました通り1950年代に米軍が日本本土から、当時米国が施政権を握っていた沖縄にやってきて、住民を強制的に立ち退かせて、基地がまた造られたわけです。つまり、沖縄では終わったはずの戦争の後も、その復興の恩恵を受けることなく、また土地が接収されたという、そういう悲劇があったんです。

1952年、サンフランシスコ講和条約の第3条により、日本の独立と引き換えに沖縄は米軍の施政権下に置かれ、日本国民でもない、アメリカ国民でもない状態におかれていたのが、当時の沖縄県民です。

当然、日本国憲法の適用もありません。県民を代表する国会議員を一人も国会に送ったことはありませんでした。罪を犯した米兵がそのまま帰国することすらあった治外法権のままの沖縄といっても、過言ではないと思います。

1950年代には本土においても反基地運動が激化し、当時、岐阜県と山梨県にあった海兵隊基地も、米軍施政権下の沖縄へと移転されました。

その後、1972年に沖縄が本土に復帰したあとも、依然として沖縄には広大な米軍基地が存在しています（13ページの図を参照）。

沖縄にはこのような歴史があること、沖縄にある米軍基地が強制接収によって造られていったものであることを理解していただきたいと思います。

Q 沖縄の米軍基地ができた歴史的背景を教えてください。

A　豊かな自然と独特な文化を有する沖縄は、太平洋戦争において、史上まれにみる熾烈な地上戦が行われ、「鉄の暴風」と呼ばれたほどのすさまじい爆弾投下と砲撃により、緑豊かな島々は焦土と化しました。

沖縄に上陸した米軍は、住民を収容所に強制隔離し、土地の強制接収を行い、次々と新しい基地を建設していきました。住民は土地を有無を言わさず奪われました。

太平洋戦争後も、朝鮮戦争の勃発など国際情勢の変化に伴い新しいが必要になると、武装兵らによる「銃剣とブルドーザー」で住民を追い出し、田畑をつぶして、新たな基地を造っていきました。

日本本土では昭和 31 年（1956 年）の経済白書で「もはや戦後ではない」とされ、高度経済成長が始まりましたが、ちょうどその時期に、本土の米軍基地の整理縮小の流れを受けて、本土から沖縄に海兵隊の移転が進みました。

戦後、沖縄は、昭和 47 年（1972 年）の本土復帰まで 27 年間にわたり、米軍の施政権下にありました。本土復帰後も、本土では基地の整理縮小が進む中、沖縄には多くの米軍基地が日米安全保障条約に基づく提供施設・区域として引き継がれ、県民は過重な基地負担を背負うことになり、現在もその負担は重くのしかかっています。

Q&A Bookより

Q　何もなかったところに米軍基地ができて、その周りに人が住んだのではないですか。

A　それは、誤った認識です。

たとえば、米軍上陸前年の宜野湾村には多くの集落が存在し、約１万４千人の住民がいましたが、沖縄に上陸した米軍は普天間飛行場建設のために宜野湾、神山、新城、中原の４つの集落を中心に広い範囲を強制接収しました。

なかでも、普天間飛行場が建設される前の当時の宜野湾村の中心は字宜野湾という場所で、現在の普天間飛行場の中にありました。そこは、もともと役場や国民学校、郵便局、病院、旅館、雑貨店がならび、いくつもの集落が点在する地域でした。

また、字普天間には、沖縄県庁中頭郡地方事務所や県立農事試験場など官公庁が設置され、沖縄本島中部の中心地でした。

住民が避難したり収容所に入れられている間に、米軍が利用価値の高い土地を強制的に接収したため、戻ってきた住民は自分の故郷に帰りたくても帰れず、その周辺に住むしかないという状況でした。

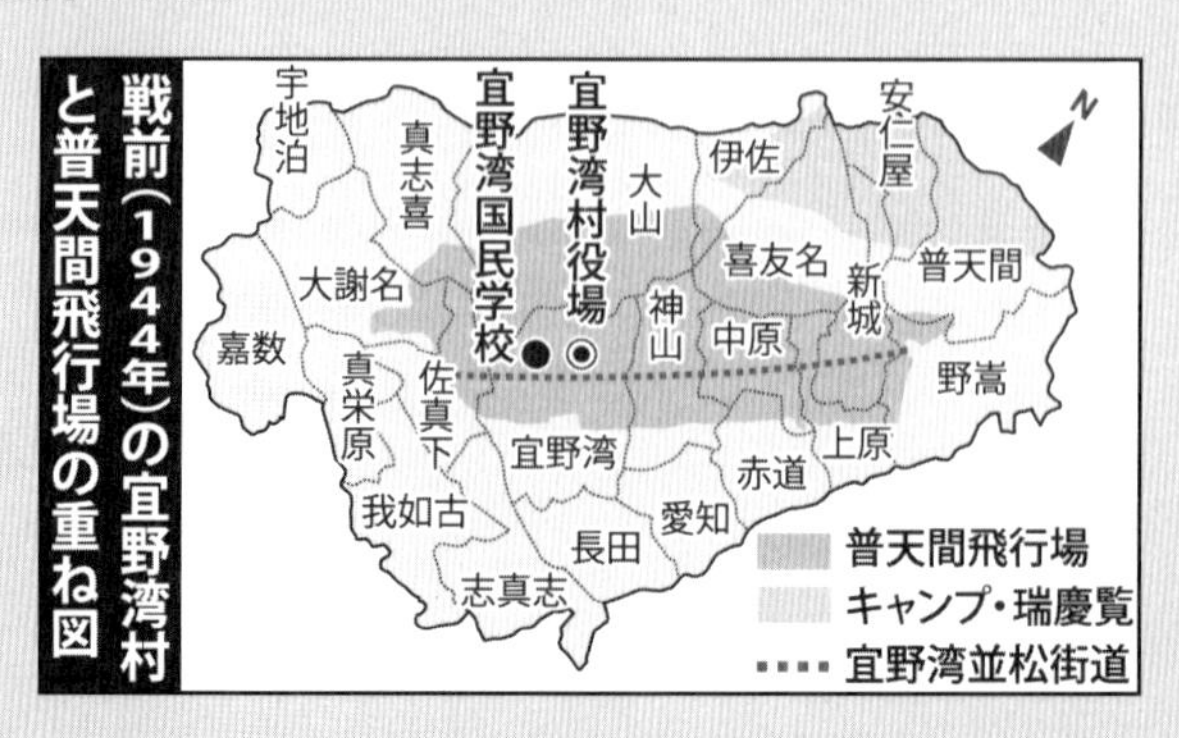

Q 米軍統治下における沖縄の状況について教えてください。

A 戦後すぐの昭和 20 年(1945 年)から昭和 24 年(1949 年)までの5年近く、本土では戦後の復興政策が図られる中、沖縄はほとんど放置状態で「忘れられた島」と言われました。これは、アメリカの軍部と政府側の調整に時間がかかり、明確な統治政策が図られなかったためです。

その後、昭和 24 年(1949 年)5月にアメリカ政府は沖縄の分離統治の方針を決め、昭和 25 年(1950 年)2月にGHQが沖縄に恒久的基地を建設するという声明を発表し、沖縄の分離統治を決定しました。この時から米軍による沖縄の基地化が進んでいきました。

昭和 27 年(1952 年)にサンフランシスコ講和条約により日本は独立国としての主権を回復しますが、その代償として、沖縄は日本本土から分断され、米国の施政権下に置かれました。沖縄には日本国憲法の適用もなく、国会議員を送ることもできませんでした。

一方、経済においては、基地建設を進める上で本土への支払いがアメリカに有利になるよう強いドルの政策が取られていました。実態に合わない強いドルの影響で、沖縄では製造業が育たず、基地依存の輸入型経済という環境になってしまいました。

また、米軍の施政権下におかれた沖縄は、27 年間もの間、日本政府から十分な支援を受けることができませんでした。

その結果として、昭和 47 年(1972 年)に本土に復帰した時の沖縄は、道路、港湾、学校、病院、住宅など社会資本のあらゆるものが不足していた状況でした。

そこで復帰以降、沖縄が持つこのような特殊事情を踏まえ、格差の是正、沖縄の自立的発展の基礎条件の整備等を目的として、3次にわたる沖縄振興開発計画及び沖縄振興計画の実施により沖縄の振興が図られてきました。

8 可視化されていない沖縄の基地問題

Denny

1956年、戦後沖縄のエポックメーキングとなった話をします。米軍の施政権下で沖縄の政治史に残ることですが、「プライス勧告」といって、銃剣とブルドーザーで強制接収した土地を、実質的な強制買い上げをするという勧告が出されました。

当時、沖縄は大変貧しかった。ですが、県民は心を一つにして、プライス勧告には応じない、土地を渡さないと言って、それを撤回させたんです。いわゆる「島ぐるみ闘争」です。

今年、2019年、沖縄県では去る2月24日、県民の直接請求を受けた辺野古新基地建設に伴う埋め立ての賛否を問う県民投票において、辺野古の埋め立てに

「反対」という民意が明確に示されました。

苛烈を極めた米軍との自治権獲得闘争を粘り強く戦ってきた沖縄県民の心は、今でも、現在の私たちウチナーンチュの心にしっかりと根付いていることが、この県民投票ではっきり示せたことは、私にとって本当に大きな支えをいただいたと思います。

私がいただいた39万6０００票以上の、43万票が「辺野古埋め立て反対」という票だったことは、私が知事選で主張したことが、私に投票した方以上に支持されたということです。私にとっても、この力強い後押しはこれからもゆるぎないものとして、県民のみなさんとしっかり歩んでいきたいと思います。

さて、実は私は、日米安全保障体制を認める立場です。向こう１００年、２００年、外国の基地が沖縄に居続けるのはあり得ないと思っていますが、「今すぐすべての基地をただちに撤去してください」「ただちに沖縄から米軍はすべて出て行ってください」という立場ではありません。

なぜなら基地の整理縮小、そして県民に対して、やがてアジア全体、世界全体で本当に基地がいらないという状況になったら、そのときには沖縄の米軍基地をはじめとする外国の基地、あるいはもしかすると、私たちが自分の身を守る必要もないという状況がやってくるかもしれません。

でもそれは、皆さんの対話の努力と、長い長い取り組みが必要だということも併せて考えなければいけません。ですから、現実的に考えると、今現在すべての基地を撤去しろという、極めて高い目標を掲げるのは非常に困難だと私は思うんです。

しかし、戦後70年以上を経た現在もなお、国土面積のわずか0・6パーセントしかない沖縄県に、日本全体の70パーセント以上の米軍専用施設が存在する状況は、異常としか言いようがないんです。

全国の都道府県で米軍専用施設が存在するのは13都道府県です。その最も多いのは沖縄で70・3パーセント。では2番目はどこでしょう？　青森県ですが、県土の9パーセント。3番目に多いのはどこでしょう？　神奈川県です。5・6パーセント。残りの都道府県はさらに少ない。3パーセント、2パーセント、1パーセント、0・5パーセント、0・3パーセント(30ページ「表」参照)。

どうして沖縄から減らすことができないのか……。

私たちは長く、そのことについて政府に対して同じように声を上げてまいりました。日本の安全保障が大事であるならば、日本国民全体で考えるべきです。基地負担も当然、本来であれば日本全体で等しく担うべきです。たくさん持ってくださいとは言いません。全国と同じように沖縄も減らしてくださいと、言っているだけです。

しかし多くの国民には、残念ですが安保の現実が、米軍基地が近くにないが故に見えていない。あるいは米軍基地のこと、安全保障のこと、地位協定のことは、まったく本質を触れさせないように見えなくさせられている、不可視化されている。

そういう状況であることを改めて、この現実をしっかり受け止めていただきたいと思います。

9 多発する米軍関係の事件・事故

Denny

つい最近（4月13日）も、在沖海兵隊所属の海軍兵が日本人女性を殺害した後、自殺したとみられる事件が起き、県民に大きな不安をまた与えました。女性への接近禁止命令も出されていたということで、米軍の管理体制の甘さがあったのではないかと、本当に憤りを抑え切れませんでした。

3年前には米軍属による女性の殺人事件が起こりました。記憶にまだ新しいかと思います。

事件・事故が発生するたびに、再発防止、綱紀粛正（こうきしゅくせい）などを呼びかけているにもかかわらず、またしてもこのような事件が起きている。県民の、いや私たちの同胞の尊い命が失われたことは、激しい怒りを禁じえません。

9 多発する米軍関係の事件・事故

また、米軍所属の航空機関連の事故も頻発しています。2016年12月には、普天間基地所属のMV22オスプレイが名護市の沿岸に墜落しました。でも、本土のメディアはあまり詳しく報道しませんでしたね。「不時着水」と言っていました。墜落ですよ、あれは。「クラッシュ」と、英語では墜落したと言っているんですから。

さらに2017年12月には、米軍機の部品と思われるものが、保育園の屋根に落下しました。しかしそれを米軍は「個数が揃っているから我々のものではない」と、調査すらしない。

そのあと宜野湾市の普天間第二小学校の運動場に、一番安全であるべき子どもたちの広場に、やはり普天間基地所属のCH53ヘリの窓枠が落下しました。あの時グラウンドには子どもたちがいたんですけれども、たまたまその隅っこのほうにいたんだそうです。

こういうことが起きても残念ながら、日本政府は米軍には再発防止を申し入れるとか、そういうことだけで終わってしまうわけですね。

しかし、事故が起きても怪我しなかったからいいだろうということで、反省がないんです。「今すぐ普天間基地の運用を止めて、あのヘリコプターを徹底的に分解して、とりあえず飛ばすな。そして、小学校や保育園の上をなるべく飛ばないコースに変更しろ」と、力強く訴えて欲しいと多くの国民は思っているはずなんです。日本政府は強力に米軍に申し入れて、それを聞き入れないのであれば、何らかの是正措置を取るべきだと思いますが、そういう措置が取られたということは、ついぞ聞いたことがありません。

事故以外にも環境問題、特に航空機騒音の問題があります。

例えば、嘉手納(かでな)飛行場及び普天間飛行場における航空機騒音規制措置が合意された1996年以降も、航空機騒音測定結果は、毎年多くの地点で環境基準値を超過しています。

また、嘉手納飛行場内の「海軍駐機場」は、嘉手納町の住宅密集地に近く、住民生活への騒音等の影響が大きかったため、SACO最終報告に基づいて2017年に住宅密集地から離れた新たな区域に移転しました。しかし、その後も米軍機が旧駐機場の区域を使用する事案が発生しており、騒音や悪臭の問題を生じています。

9 多発する米軍関係の事件・事故

沖縄県はこれまで、米軍基地の整理縮小はもちろん、事件・事故の原因究明と再発防止、環境問題の解決等の負担軽減を日米両政府に求めて参りました。

１９９５年、３人の米兵による少女暴行事件が発生しました。これをきっかけとして、日米両政府の高官レベルの協議機関「沖縄に関する特別行動委員会（ＳＡＣＯ＝Ｓｐｅｃｉａｌ Ａｃｔｉｏｎ Ｃｏｍｍｉｔｔｅｅ ｏｎ Ｏｋｉｎａｗａ）」が設置され、翌１９９６年、普天間飛行場の全面返還などを内容とするＳＡＣＯ最終報告が合意されました。

ＳＡＣＯ合意以降も、２００６年には、「再編実施のための日米のロードマップ」が取りまとめられ、嘉手納飛行場より南の施設のさらなる整理縮小などの方針が示されています。それからもさまざまな統合計画などが発表されています。

沖縄県としては、このＳＡＣＯの着実な実施を求めています。辺野古の基地建設も、ＳＡＣＯ合意当時は撤去可能な、海上に浮かぶフロート基地だったんです。ですから撤去可能な基地だったんです。

当時の稲嶺恵一県知事は「軍民共用にして15年使ったら、それはあとで沖縄県に返す」という条件を設定していたんです。その条件は、日本政府は閣議決定したはずだったんですが、しかしそのあと２００６年に、今のＶ字型の案になった時に、その約束も反故にされてしまったんです。閣議決定を廃止して、新しい案を閣議決定したんです。しかし、新しい案を決定するに際してはＳＡＣＯ合意の検証とか、再確認とか、見直しについての協議が行われたと言うことは、私は聞いたことがありません。

稲嶺知事の後任の仲井眞弘多（なかいまひろかず）元知事は、知事選に際しては県外・国外移設を公約に掲げていましたが、２０１３年12月、突如、前言をひるがえし、工事のための公有水面埋め立てを承認しました。しかし、その仲井真知事を相手に翁長雄志さんは、「辺野古に新基地は造らせない」との公約を掲げて当選し、私もまた、「辺野古に新基地は造らせない」ことを公約に、過去最多となる39万６６３２票を得て当選しました。

政府首脳は、「選挙は新基地建設の問題だけでなく、さまざまな施策で各候補の主張が行われた結果である」として、工事はそのまま強行され続けています。

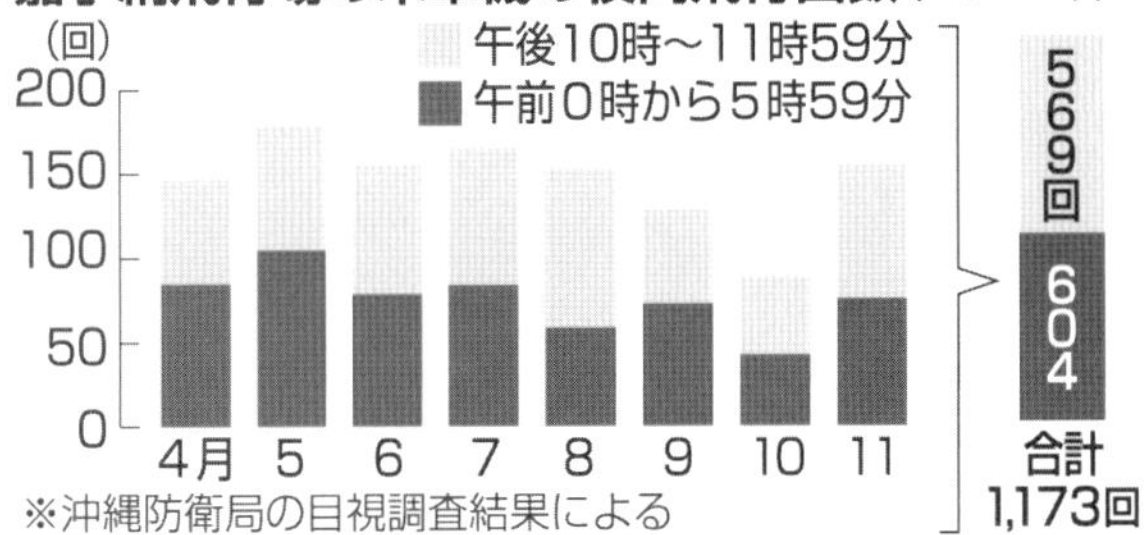
嘉手納飛行場の米軍機の夜間飛行回数(2017年)
(回)
200
150
100
50
0
午後10時～11時59分
午前0時から5時59分
4月
5
6
7
8
9
10
11
569回
604
合計
1,173回
※沖縄防衛局の目視調査結果による

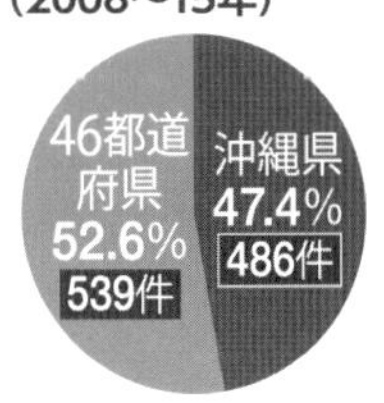
沖縄県と他府県の累計数の比較
(2008～15年)
46都道府県
52.6%
539件
沖縄県
47.4%
486件

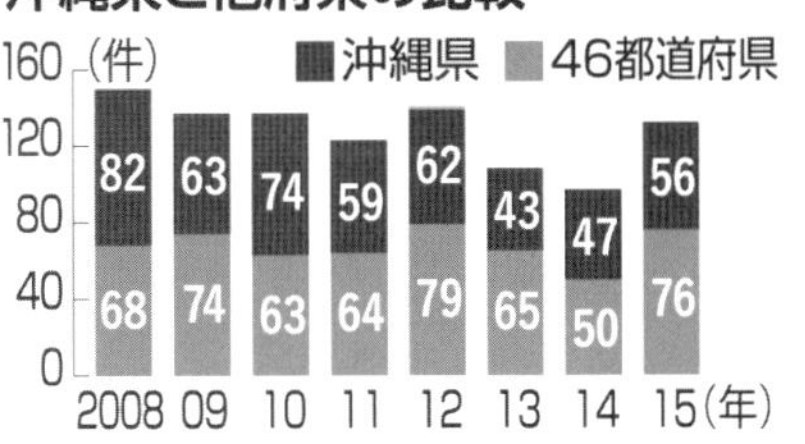
米軍人などによる犯罪摘発数の沖縄県と他府県の比較
160
120
80
40
0
(件)
沖縄県
46都道府県
82
68
63
74
74
63
59
64
62
79
43
65
47
50
56
76
2008
09
10
11
12
13
14
15(年)
※全国知事会米軍基地負担に関する研究会まとめ

Q&A Book より

Q 米軍基地に起因する事件や事故について教えてください。

A 　沖縄県では、米軍基地に起因する事件・事故が繰り返されている状況です。

　なかでも、一歩間違えば人命、財産にかかわる重大な事故につながりかねない航空機関連の事故は、沖縄の本土復帰（昭和 47 年）から平成 28 年末までの間に 709 件発生しています。

　昭和 34 年（1959 年）には、沖縄本島中部の石川市（現うるま市）にある宮森小学校に米軍戦闘機が墜落し、11 人の児童を含む 17 人が死亡、210 人の重軽傷者を出しました。また、平成 16 年（2004 年）8 月には、米海兵隊所属の大型ヘリコプターが沖縄国際大学の本館建物に接触し、墜落、炎上しました。そして、平成 28 年 12 月には、県民が配備に強く反対してきたオスプレイが、名護市の集落の近くに墜落しました。

　また、米軍人・軍属等による刑法犯罪は、復帰（昭和 47 年）から平成 28 年末までの間に 5,919 件発生し、うち殺人・強盗・強姦などの凶悪犯が 576 件となっています。

　平成 7 年（1995 年）には、小学生の少女が米兵 3 人に暴行される事件が発生し、敗戦から半世紀、基地被害と米兵の犯罪に苦しんできた沖縄県民の怒りが爆発しました。そして、平成 28 年にも、女性が遺体で発見された事件で、米軍属の男が死体遺棄、強姦致死及び殺人の容疑で逮捕・起訴され、県民の強い憤りが再燃しました。

　国土面積の約 0.6％しかない沖縄県に、全国の米軍専用施設面積の約 70.3％に及ぶ広大な米軍基地があるがゆえに、長年にわたり事件・事故が繰り返されています。

　沖縄県としては、引き続き日米両政府に対し、米軍基地の整理縮小や日米地位協定の見直しなど、過重な基地負担の軽減を求めていきたいと考えています。

10 辺野古新基地建設に伴う埋め立ての賛否を問う県民投票

Denny

県民の中から、純粋な民意を示すためには、一つの争点に絞って、住民投票で県民の意思を問うべきであるという声が少なからずあり、住民による署名活動によって、法定署名数2万3000筆を大きく上回る9万2848筆の署名が集まり、県民投票条例の制定請求がなされました。

都道府県レベルでの住民投票は全国で2例目となりますが、実は最初の事例も、1996年に沖縄県で実施された「日米地位協定の見直し及び米軍基地の整理縮小に関する県民投票」であります。

なぜ、同じ沖縄県で、基地問題に関する県民投票が2度も実施されなければならなかったのか、全国の皆さまにもぜひ考えていただきたいと思います。

ご存じのとおり、今回の県民投票の実施にあたっては、一部の自治体が不参加を表明するなど、紆余曲折（うよきょくせつ）もありましたが、全県実施を求める多くの県民や県議会のご尽力があって、最終的に、２月24日に全県的に実施をすることができました。

この県民投票には、投票資格者総数１１５万３６００人の52・48パーセントの沖縄県民が参加しました。

その結果、埋め立てに賛成が11万４９３３票、反対が43万４２７３票、どちらでもないが５万２６８２票でありました。

投票総数の71・７パーセントにあたる43万４２７３人もの方々が、辺野古の埋め立てに「反対」という結果となりました。これは私が２０１８年９月の県知事選挙で、辺野古に新基地は造らせないという公約を掲げて当選したときの得票数39万６６３２票を超えるものです。

11 民主主義を踏みにじる日本政府の対応

Denny

県民投票の結果を受けて、私は、3月1日に安倍晋三総理、菅義偉(すがよしひで)官房長官と面談しました。県民投票の結果を伝えるとともに、直ちに工事を中止するよう求め、普天間飛行場の危険性の固定化は許されないことや、SACO合意とSACO合意後の沖縄の米軍基地の整理縮小について、その進捗状況を確認するには、SACOに、いま引き受けている沖縄にSACWO=SACO WITH OKINAWAをつくって、検証するべきだと申し入れました。

SACO WITH OKINAWA、私は通称SACWO(サコワ)と呼んでいます。SACWOを設けてくれと言っているんですが、しかし政府はその必要はないと言うんですね。

「すでに米国と話し合って決めたから、その通りやります」と。でもSACO合意からは23年もたっているんですよ。普通の公共工事ならおそらく3年ごとの見直し、短ければ2年ごと、もっと短ければ単年ごとの執行率を、きちんとそれを検証するはずです。

23年前に交した約束で、国際社会も変わり、沖縄の環境も変わり、さまざまなものが移り変わって変質していくにもかかわらず、日本政府だけがかたくなに23年前の合意事項に固執している――そういう姿勢が、沖縄県民にとっては、全くわからないのです。

総理に県民投票の結果を通知した4日後の3月5日、岩屋毅防衛大臣は参議院予算委員会で、県民投票の結果に関わらず「あらかじめ事業について継続することを決めていた」と答弁しておりますが、このような姿勢は、地方自治法で定められた直接請求制度を真っ向から否定するものであり、また、県民投票で明確に示された県民の思い、民主主義を踏みにじるものであり、到底看過できません。

11 民主主義を踏みにじる日本政府の対応

その後、3月16日には、沖縄で辺野古新基地建設断念を求める県民大会が開催されました。約1万人の県民が参加して、県民投票で示された圧倒的な民意を尊重し、埋め立てを中止して辺野古への新基地建設を即時に断念することなどを政府に要求する旨が決議されました。

このような県民の皆さんの思いを受け止め、私は3月19日に、安倍総理と再度面談を行い、総理に対し、3月25日に予定されている新たな区域への土砂投入を含め工事を中止すること、そして普天間飛行場及び辺野古移設問題の解決に向け、総理と私の2人で集中的な協議を是非とも行うよう強く求めました。

しかしながら、その面談の翌日、総理官邸から、工事を中止せず、3月25日に新たな区域への土砂投入を予定通り行う旨の連絡がありました。

政府に対し、対話による解決の必要性と重要性を強く求めてきただけに、このような政府の対応は極めて遺憾であります。

翁長知事の当選、そして私の当選、県民投票、そしてつい先日（4月21日）の、私が県知事選挙に出たあとの空席が沖縄3区、辺野古を含む14市町村で行われた衆議院の補欠選挙です。

私の後継として立った屋良朝博さんは、20年以上沖縄の基地問題を研究してきたジャーナリストです。しかし一般にはあまり知られていない新人。相手候補は元大臣、それも沖縄北方担当大臣の島尻安伊子さんです。辺野古容認と初めて明言して選挙戦が行われました。

しかし今回の選挙でも、1万8000票の差をつけて、辺野古移設反対を主張する屋良さんが当選しました。それにもかかわらず、辺野古基地建設のための工事は続けられています。（7月21日に投開票された参議院選挙沖縄選挙区でも、「辺野古埋め立て工事反対」を訴えた高良鉄美さんが当選しました。）

一体、日本のどこを切り取って見てみたら、民主主義って書いてあるんでしょう。どこを切っても「不」民主主義、「非」民主主義。そうとしか思えない状況がずっと続いています。

Q なぜ普天間飛行場を辺野古へ移設することに反対なのですか。

A 戦後71年を過ぎても日本の国土面積約0.6%の沖縄県に、約70.6%（2018年3月現在で約70.3%）もの米軍専用施設が存在し続け、状況が改善されない中で、今後100年、200年も使われるであろう辺野古新基地ができることは、沖縄県に対し、過重な基地負担や基地負担の格差を固定化するものであり、到底容認できるものではありません。

沖縄は今日まで自ら基地を提供したことは一度としてありません。戦後の米軍占領下、住民が収容所に隔離されている間に無断で集落や畑がつぶされ、日本独立後も武装兵らによる「銃剣とブルドーザー」で居住地などが強制接収されて、住民の意思とは関わりなく、基地が次々と建設されました。

土地を奪って、今日まで住民に大きな苦しみを与えておきながら、基地が老朽化したから、世界一危険だから、普天間飛行場の移設は辺野古が唯一の解決策だから沖縄が基地を負担しろというのは、理不尽です。

一方、辺野古新基地が造られようとしている辺野古・大浦湾周辺の海域は、ジュゴンをはじめとする絶滅危惧種262種を含む5,800種以上の生物が確認され、生物種の数は国内の世界自然遺産地域を上回るもので、子や孫に誇りある豊かな自然を残すことは我々の責任です。

また、5,800種のうち、約1,300種は分類されていない生物であり、種が同定されると多くは新種の可能性があります。新基地建設は、貴重な生物多様性を失わせ、これらかけがえのない生物の存在をおびやかすものなのです。

さらに、平成26年の名護市長選挙、沖縄県知事選挙、衆議院議員選挙、平成28年の県議会議員選挙、参議院議員選挙では、辺野古移設に反対する県民の民意が示されています。沖縄県は日米安全保障体制の重要性は理解していますが、県民の理解の得られない辺野古移設を強行すると、日米安全保障体制に大きな禍根を残すことになります。

沖縄県は、これらのことから辺野古への移設を反対しており、今後とも辺野古に新基地は造らせないということを県政運営の柱にし、普天間飛行場の県外移設を求めていきます。

12 沖縄県の埋め立て承認の撤回について

Denny

法律的な話になりますが、２０１８年８月31日、沖縄県は沖縄防衛局に対して行っていた「公有水面埋め立て承認」を撤回しました。撤回によって承認の効力がなくなるため、辺野古で行っている埋め立て工事を直ちに中止しなくてはなりませんが、沖縄防衛局は10月、本来一般国民の権利利益を救済するために設けられた「行政不服審査法」という法律により、国土交通大臣に対して審査請求を行いました。

国土交通大臣はそれを受けて10月30日に、承認撤回の執行停止決定を出し、工事はすぐに再開されました。

沖縄防衛局と国土交通大臣は、ともに内閣の一致した方針に従って事業を進め

12 沖縄県の埋め立て承認の撤回について

る政府の機関であり、その国土交通大臣が沖縄防衛局の審査請求に係る審査を行うということは、あたかも選手と審判を同じ人物が兼ねているようなものであります。

この裁決は政府による「自作自演」であって、まさしく結論ありきのものであると言わざるを得ません。これらの点については、2018年10月に110名もの行政法学者から、「制度の濫用(らんよう)」との指摘がなされているところです。

しかし去る4月5日には、国土交通大臣は沖縄防衛局の言い分を認め、沖縄県の埋め立て承認撤回を取り消す裁決を行いました。沖縄県は、この裁決は到底容認できないことから、4月22日に地方自治法に基づき、国地方係争処理委員会に審査申出を行ったところです。

国が「私人」になりすまして行政不服審査制度を適用するこの手法がまかり通れば、政府が、その方針に従わない地方公共団体の行政処分に対して強制的に意向を押し通すことができるようになり、地方自治、民主主義は破壊されます。

今日ここにお集まりの皆さま、そして国民の皆さまには、いま沖縄で起きていることが、全国の地方公共団体にとっても大きな脅威であるということをしっかりと理解し、この問題に向き合っていただきたいと思います。

このような中、今回の県民投票によって、辺野古埋め立てに絞った県民の民意が、圧倒的多数で反対が明確に示されたのは初めてであり、きわめて重要な意義があるものと考えております。特に、今回の県民投票では、県内の若い皆さんが、賛成でも、反対でも、どちらでもない、とにかく皆で議論して自分の考えで投票に参加しようということを呼びかけました。

私はこのような若い人たちの行動を非常に力強く感じるとともに、先ほども触れたように、自治権獲得、本土復帰のために一丸となって声をあげた私たちの先祖(ウヤファーフジ)の心が、しっかりとこの世代に受け継がれ、自分たちで自分たちの未来を作ろうという、紛れもない民主主義の一番基本的な実践がなされていることにとても勇気づけられました。

私は、そういう若い人たちの気持ちに真摯(しんし)に応えていきたいという思いを新たにしております。

解　説

63ページで玉城知事が述べている国地方係争処理委員会の審査申出は、201
6月に却下されました。沖縄県は、これに不服があるとして、7月17日、地
治法に基づき、福岡高等裁判所那覇支部に違法な国の関与の取消しを求める訴
提起しました。沖縄県は、沖縄防衛局長が審査請求を行うことは違法であり、
請求についてなされた国土交通大臣の裁決もまた違法であるとしています。

さらに8月7日、沖縄県は、国土交通大臣の裁決の取消しを求め、那覇地方
所に行政事件訴訟法に基づく抗告訴訟を提起しました。県によれば、抗告訴訟
沖縄防衛局長による審査請求が違法であるということに加え、2018年8月に
行った承認取消処分の適法性についても、この裁判で主張していくことになる
ことです。

これで、2015年以降、辺野古新基地建設問題をめぐって沖縄県と政府が裁
場で争うのは8件目となります。これらの訴訟に関する知事コメント等の情
沖縄県のウェブサイト(※)に掲載されています。

メディアでは、多くの訴訟で争われていることがクローズアップされます。
し、玉城知事は、抗告訴訟を提起した際に、次のように述べています。

> そもそも、辺野古新基地建設問題について、県はかねてから、政府に対し
> 司法によらず、対話による解決の必要性と重要性を繰り返し述べております。
>
> 沖縄の過重な基地負担の軽減を図るためには、申し上げるべきことは申し
> げ、問題点を指摘しながら、必要に応じて連携して取り組むことが重要であ
> と考えております。
>
> 県としましては、政府に対し、対話によって解決策を求める民主主義の姿
> を粘り強く訴え、辺野古新基地建設阻止、そして普天間飛行場の運用停止を
> む1日も早い危険性の除去を求めてまいりたいと考えております。

辺野古新基地建設問題について、対話により解決を図ることこそ、沖縄県が求めていることなのです。

(※) https://www.pref.okinawa.jp/site/chijiko/henoko/index.html

13 辺野古の海に新基地は造れない

Denny

安倍総理は、これまでの国会などにおいて「辺野古に造らないということになれば、普天間はそのままになっていく」と答弁しております。

しかし、埋め立て予定地の大浦湾側には、安倍総理も自ら認めたとおり、軟弱地盤の存在が判明しており、それは広大な範囲にわたり、海面下90メートルに達する深さにまで及んでおり、埋め立てには7万7０００本の砂杭を打ち込む必要があるとされています。

そもそも、我が国にある作業船では海面下70メートルまでしか対応できませんし、作業船の届かない残り20メートルの深さに至る部分への対応など、我が国において前例のない、大規模な地盤改良工事が必要とされることからも、工事の長期化は避けられません。
また、地盤改良工事に伴って、砂杭を打ち込む際の騒音・振動や濁りの影響、また、多くの作業船の稼働に伴う騒音、排ガスの影響などの環境影響が考えられるところであり、環境への影響も計り知れないことからすれば、政府は直ちに工事を中止し、県との話し合いに応じるべきであります。

防衛省が検討する地盤改良区域

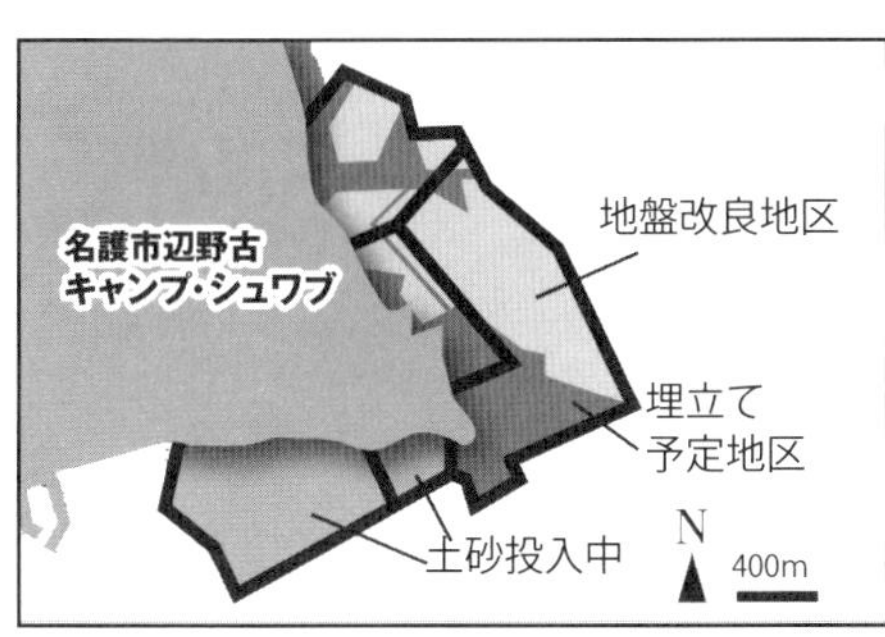

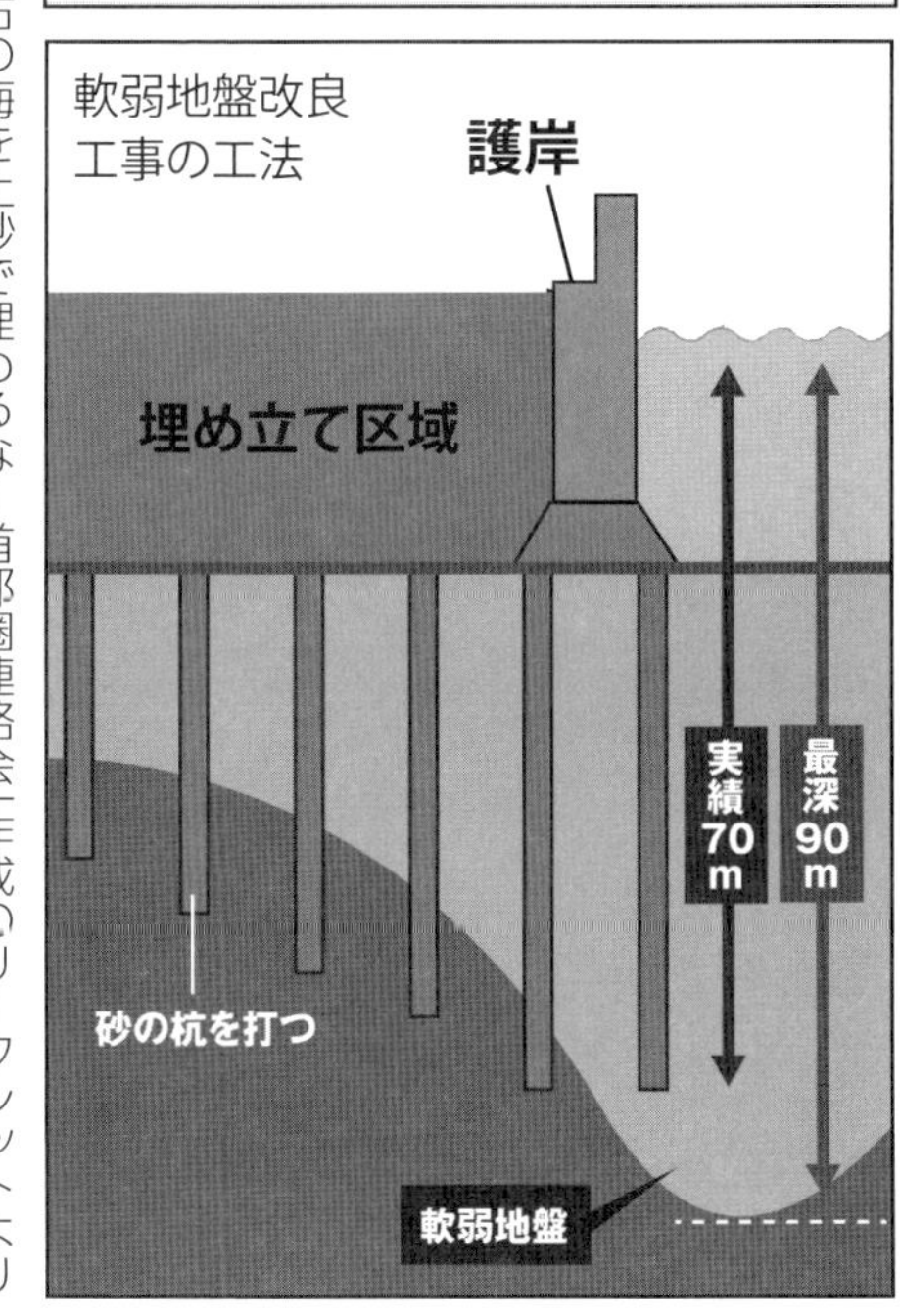

「辺野古の海を土砂で埋めるな！首都圏連絡会」作成のリーフレットより

折しも、3月18日には、国の天然記念物で絶滅危惧種に指定されているジュゴンの死亡個体が発見されました。埋め立て工事区域の北側に存在する海草藻場において、これまで確認されていたジュゴンの食み跡が確認されなくなっており、工事の影響によるものなのかも、しっかり検証する必要があります。

政府は、辺野古側の浅い区域を埋め立て、既成事実を積み重ねることに躍起になっていますが、辺野古側をいくら埋め立てても、大浦湾側の工事に着手できない限り、代替施設はなりたちません。

その大浦湾の軟弱地盤に対し、政府は、大浦湾の地盤改良に伴って、埋め立て承認の設計変更を申請すると表明しておりますが、そもそも沖縄防衛局は、埋め立て承認から5年以上経過した現在もなお、大浦湾側の護岸を含めた全体の実施設計すら示しておりません。

また安倍総理や岩屋防衛大臣は、「地盤改良工事が必要だが、一般的で施工実績が豊富な工法で行うことで、安定性の確保は可能」である旨、国会で答弁しおりますが、地盤改良工事を含めた工事全体の費用・期間すら示されていない中で、なぜ、一般的な工法で実施でき、かつ安定性が確保できると言えるのでしょうか。

13 辺野古の海に新基地は造れない

普天間飛行場代替施設は、段階的に整備することが可能な整備新幹線や高速道路の整備と異なり、施設のすべてが完成して初めて機能を果たす公共施設であります。国立競技場と同様に、完成しなければ公益上の価値を生み出さないにもかかわらず、全体の実施設計を示さないまま工事を進めることが許されるはずはありません。

仮にこの工事が補助事業であれば、補助金返還に当たるような性質のものでありますが、国の直轄事業であれば、国会や国民に、工期や費用も何ら示さないいまま建設を進めることが、果たして許されるものでしょうか。

県民投票によって、辺野古埋め立てに絞った県民の民意が明確に示されたのは初めてであり、極めて重要な意義があるものと考えております。民主主義国家である我が国において、県民投票により直接示された民意は何より重く、また尊重されなければなりません。

私は、この県民の思いを受け止め、辺野古に基地を造らせてはならないとの誓いを新たにしております。今まさに、日本政府の民主主義が問われていると思います。

「辺野古が唯一」との日米合意に固執し、さらに今般、軟弱地盤が確認されたことで、今後何年かかるか、建設費がいくらかかるのかも分からないまま辺野古新基地建設工事を進めることは、結果として普天間飛行場の危険性を長期間にわたって固定化するものにほかなりません。

そもそも沖縄県民は自ら基地を提供した覚えはありません。

県民投票の結果は、過重な基地負担を固定化することは認めないということと合わせ、あの美しい辺野古・大浦湾を埋め立てることは許されないという思いで、辺野古埋め立てに反対という意思を示したものと思います。

改めて、政府に対し、辺野古移設断念を強く求めるものです。

14 一刻も早い普天間飛行場の危険性除去を

Denny

米軍普天間飛行場の地元の松川正則宜野湾市長も、普天間飛行場の危険性が置き去りにされること、そして普天間飛行場が固定化されることを最も懸念しております。

一方、米海兵隊が公表した「２０１９米海兵隊航空計画」では、辺野古移設計画が削除されており、また、普天間飛行場を２０２８年米会計年度（２０２７年10月～２０２８年９月）まで継続使用するスケジュールが記述されております。日本政府が辺野古移設に固執していることが、逆に普天間飛行場の危険性の固定化を招いているのです。

２０２８年までの今後10年間も、普天間飛行場を現在と同じ状況で危険性を放

普天間飛行場に駐機するオスプレイ

置し続けることは、決して許されることではありません。

辺野古移設とは関係なく、一刻も早く普天間飛行場の危険性の除去に取り組むべきです。

日米両政府の合意から23年を経てもなお、普天間飛行場の返還が実現しないのは、外交防衛は国の専権事項であるとして、沖縄県民の頭越しに、県民の理解を得られていないものを強引に進めてきていることが第一の原因であります。

Q 沖縄県が、辺野古への移設を反対すると、普天間飛行場の危険が放置されるのではないですか。

A 政府は、沖縄県が辺野古新基地建設に協力しなければ、普天間飛行場は固定化されるとしています。

沖縄県は、世界一危険とも言われる普天間飛行場の固定化は絶対に許されないと考えています。

米軍占領下での強制接収によって住民の土地を奪って、今日まで住民に大きな苦しみを与えておきながら、基地が老朽化したから、世界一危険だから、普天間飛行場の移設は辺野古が唯一の解決策だから沖縄が基地を負担しろというのは、理不尽です。

政府が普天間飛行場周辺住民の生命・財産を守ることを最優先にするのであれば、辺野古への移設にかかわりなく、同飛行場の５年以内運用停止を実現するべきであり、普天間飛行場の固定化を絶対に避けて、積極的に県外移設に取り組むべきであると考えています。

沖縄県としては、普天間飛行場の閉鎖撤去、県外移設を求めていますが、同飛行場が返還されるまでの間においても、危険性を放置することはできないことから、一日も早く普天間飛行場で航空機が飛ばない状態を実現し、危険性を除去していただきたいと求めています。

15 安全保障は日本全体の問題

Denny

先にお話ししましたように、日本の安全保障が大事であるならば、日本国民全体で考えるべきであります。沖縄には米軍基地が集中し、騒音や事件・事故の発生など、県民は過重な基地負担を強いられ続けており、県民の目に見える形での基地負担の軽減が図られなければならないと考えております。

前に触れたように、日本国内47都道府県のうち、米軍専用施設が所在するのは13都道府県のみです。最も多い沖縄県に約70パーセントが所在していますが、その沖縄県内基地の約70パーセントは海兵隊の施設です。

一方で、本土の自治体においても、東京都の小金井市議会では、辺野古新基地建設を直ちに中止すること、また普天間飛行場の代替施設が必要かどうかを議論し、国民的議論によって必要であるとの結論になるのであれば、沖縄県以外の全国のすべての自治体を等しく候補地として、公正で民主的な手続によって解決することを求める意見書が、また、同じく東京都の小平市議会でも、沖縄のみに解決を迫るのではなく、代替施設が必要かどうかを含めて国民的議論を行うよう求める意見書が採択されました。

さらに、全国の都道府県議会では初めて、岩手県議会が辺野古埋め立て工事を中止したうえで、政府に沖縄県との協議を求める意見書が採択されるなど、新たな動きが広がりつつあります（2019年8月現在30の意見書が採択）。

＊小金井市

①辺野古新基地建設工事を直ちに中止し、米軍普天間基地を運用停止にすること

②全国民が、責任を持って、米軍基地が必要か否か、普天間基地の代替施設が日本国内に必要か否か当事者意識を持った国民的議論を行うこと

③国民的議論において普天間基地の代替施設が国内に必要だという結論　に

なるのなら、沖縄の歴史及び米軍基地の偏在に鑑み、沖縄県以外の全国の全ての自治体を等しく候補地とし、民主主義及び憲法の精神にのっとり、一地域への一方的な押付けとならないよう、公正で民主的な手続きにより解決すること

＊小平市

①辺野古新基地建設を即時中止すること

②辺野古問題を、沖縄のみに解決を迫るのではなく、国内、国外に普天間の代替施設が必要かどうかを含めて、国民的な議論を行い、解決の道を探ること

＊岩手県

①政府は、沖縄県民投票の結果を踏まえ、辺野古埋め立て工事を中止し、沖縄県と誠意を持って協議を行うこと。

沖縄に対する過重な基地負担を取り除くことは、安定的な日米安全保障体制を維持することにつながるものであり、政府に対しては、私と共に解決の道を歩ん

でいただくよう求め続けたいと思います。

県民投票で明確に示された民意を無視し、工事を強行することは、民主主義を踏みにじり、地方自治を破壊するものであります。これは、決して沖縄県だけの問題ではなく、他の自治体でも同様のことが起こりかねません。

第1回東京での「We Love Okinawa」シンポジウムで

全国民の皆さまには、このような国の在り方をしっかりと見て、自分のこととしてこの状況を捉えていただき、民主主義のあるべき姿として、共に声を上げていただきたいと思います。

沖縄県として、東京を含め全国でシンポジウムを開催することも検討しており（第一回は6月11日に東京・千代田区、8月19日には名古屋市で開催）、沖縄県民の思いを全国の皆さまにも届けるため、全力で取り組んでまいりますので、引き続き関心を寄せていただけるようお願いいたします。

さらに、辺野古新基地建設問題については、日本政府だけでなく、その基地を使用する米国政府も当事者であり、日米両政府には対話によって解決策を求める民主主義の姿勢を求めます。

私は、県民投票によって改めて示された県民の民意を受け止め、この思いに共感し、民主主義の価値観を共有する国内外の市民と連帯し、あらゆる手法を駆使して辺野古に基地を造らせない、また、世界一危険な普天間飛行場の危険性の除去を必ず実現するとの思いを新たにしております。

普天間や辺野古をめぐる問題は、沖縄だけでなく日本全体で考えるべき問題であり、私は、県民投票で示された辺野古埋め立てに反対の県民の民意に添い、あらゆる機会を通じて、この問題を国内外でも発信していきたいと考えております。改めて、もう一方の当事者である米国をも訪問し、米国政府や、米国市民の皆さまに直接訴えてまいりたいと考えております。

県民・国民及び国外にお住まいの沖縄に思いを寄せる皆さまにおかれましても、一層のご支援、ご協力をいただきますよう、よろしくお願い申し上げます。

Q&A Bookより

Q 沖縄県は辺野古新基地建設に反対していますが、日米安全保障体制に反対なのですか。

A いいえ。沖縄県は日米安全保障体制を理解する立場です。

沖縄県は、日米安全保障体制については、これまで日本と東アジアの平和と安定の維持に寄与してきたと考えています。

また、国の調査においても、「日米安全保障条約は日本の平和と安全に役立っている」とする回答が82.9%となり過去最高を記録するなど、その重要性に対する理解が多くの国民に広がっています。

しかし、我が国においては、沖縄の米軍基地の機能や効果、負担のあり方など、安全保障全般について国民的議論が十分なされてきたとは言えず、戦後71年以上経た現在もなお、国土面積の約0.6%しかない沖縄県に、全国の米軍専用施設の約70.3%が集中しています。

沖縄県としては、辺野古新基地建設問題等を通して、日米安全保障の負担のあり方について、改めて日本全国の皆様で考えて頂きたいと思っています。

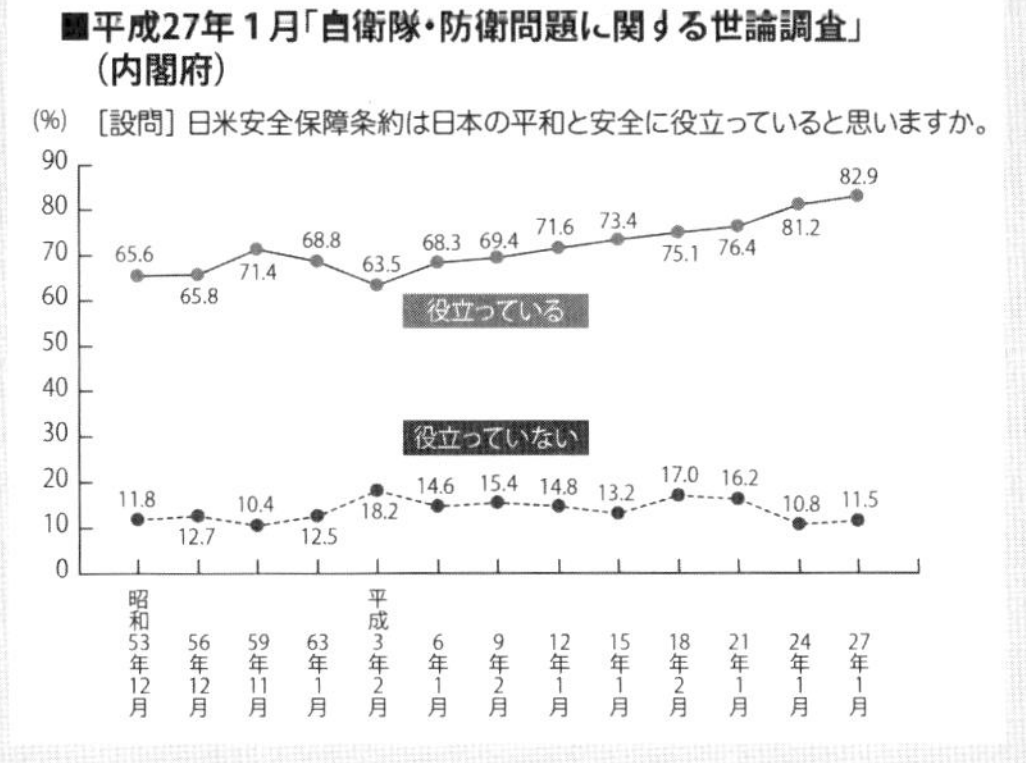

16

日米地位協定の抜本的な見直しを

Denny

また、日米地位協定についても、抜本的に見直す必要があると思います。日米地位協定については、本土に住んでいる方はほとんどその内容をご存じないかもしれませんが、これは、日米安全保障条約に基づいて在日米軍施設の使用のあり方や米軍の行動、日本での米軍人はじめ軍関係者の地位などについて定めた協定です。

これは、一度も改正されないまま1960（昭和35）年の締結から60年近くが経過しており、人権や環境問題などに対する意識の高まりなどの中で、時代の要求や県民の要望にそぐわないものとなっています。

例えば地位協定の第3条では、米軍に基地の「排他的管理権」を認め、日本側は提供している施設・区域へ自由に立入ることができないこととされています。

沖縄県としては、「運用の改善」だけではアメリカ側に裁量を委ねる形となるため、米軍基地から派生する諸問題を解決するには不十分であり、日米地位協定を抜本的に見直す必要があると考えており、日米両政府に対し、強く要請してきました。

しかし日本政府は、米軍をめぐる問題を解決するためには、日米地位協定の「運用の改善」によって対応していくことが合理的であるとしています
運用改善では十分ではないことを実証的に示す必要があると考え、沖縄県では、2017年度にドイツ及びイタリア、2018年度にはベルギー及びイギリスを訪問して、他国の地位協定調査を実施いたしました。

調査の結果、これらの国において、航空法など自国の法律や規則を米軍にも適用させることで自国の主権を確立させ、米軍の活動をコントロールしていることや、騒音軽減委員会や地域委員会の設置などにより、米軍基地の運用について、地元自治体からの意見聴取や必要な情報の提供が行われているほか、受入国側の

基地内への立入り権、航空機事故時の捜索権等も確保されていることが明らかになりました。

さらに空域の管理についても、ヨーロッパには横田空域のように外国軍が占有する空域の存在は確認できず、各国は、空域を時間を決めて使用するなど、有効活用していることも明らかになりました。

これまでの調査結果を総合的に見てみますと、このような状況がＮＡＴＯ（北大西洋条約機構）によって米国と軍事同盟を結んでいるヨーロッパ諸国では標準的であると考えられますが、これに対して、日本では、原則として国内法が適用されず、日米で合意した飛行制限なども守られておらず、地元自治体が求める地域の委員会設置や米軍機事故の際の主体的な捜索、基地内への立入り権の確保などが実現していない状況であり、ヨーロッパとは大きな違いがあると考えております。

沖縄県では今後、調査の対象国を韓国、フィリピン、オーストラリアなどアジア諸国にも拡大し、日米地位協定の問題点をさらに明確化することで、国民的な議論を喚起して、協定の抜本的な見直しの実現につなげていきたいと考えております。調査結果の詳細につきましては、沖縄県のホームページ内の「地位協定ポータルサイト」（https://www.pref.okinawa.jp/site/chijiko/kichitai/sofa/index.html）にこれらの報告書のほか、他国の地位協定や法令の条文も掲載していますので、ぜひご覧になっていただきたいと思います。

他国地位協定調査

報告書（欧州編）

平成31年４月

沖縄県

Q&A Book より

Q 日米地位協定とは何ですか。また課題を教えてください。

A 日米地位協定は、在日米軍による施設・区域の使用を認めた日米安全保障条約第6条を受けて、施設・区域の使用のあり方や日本における米軍の地位について定めた条約です。

具体的には、施設・区域の提供、米軍の管理権、日本国の租税等の適用除外、刑事裁判権、民事裁判権、日米両国の経費負担、日米合同委員会の設置等が定められています。

日米地位協定は、人権や環境問題などに対する意識の高まり等の中で、時代の要求や国民の要望にそぐわないものとなっており、刑事裁判権、米軍の管理権としての基地使用のあり方、環境汚染など、様々な問題点が指摘されていますが、昭和35年（1960年）に締結されて以降、改定は一度も行われていません。

政府は、米軍及び在日米軍施設・区域を巡る問題を解決するためには、日米地位協定の運用の改善によって対応していくことが合理的であると説明しています。

沖縄県としては、米軍基地を巡る諸問題の解決を図るためには、米側に裁量を委ねる形となる運用の改善だけでは不十分であり、地位協定の抜本的な見直しが必要であると考えており、国に対して毎年度要請を行っています。

米軍駐留国における経費負担

財務省、米国防総省資料より作成		日本	韓国	ドイツ	イタリア
負担割合		約74.5%	約40%	約33%	約41%
提供施設整備費		日米分担	米韓分担	米側負担	米側負担
労務費		日米分担	米韓分担	米側負担	米側負担
光熱水料等		日米分担	米側負担	米側負担	米側負担
支援額（02年）	直接支援	32億2843万ドル	4億8661万ドル	2870万ドル	302万ドル
	間接支援	11億8292万ドル	3億5650万ドル	15億3522万ドル	3億6353万ドル
	合計	44億1134万ドル	8億4311万ドル	15億6392万ドル	3億6655万ドル
米軍人数		約3万3000人	約1万3000人	約5万5000人	約1万人

Q 日米地位協定の改定は難しいのではないですか。

A　日米地位協定は、昭和 35 年（1960 年）に締結されて以降、一度も改定されたことがありません。

しかし、日本と同じように米国と地位協定を締結しているドイツや韓国では、改定を実現させています。

特にドイツでは、昭和 34 年（1959 年）に締結されたボン補足協定をこれまで３度も改定しており、駐留軍に対しても原則としてドイツの国内法が適用されることが明記されているほか、環境保全を目的とする詳細な規定が設けられています。

	日米地位協定	ボン補足協定
締結年	昭和 35 年（1960 年）	昭和 34 年（1959 年）
改定実績	無し	３度
駐留軍に対する国内法の適用	日本国法令を尊重	原則としてドイツ国内法を適用

沖縄県としては、日米地位協定の見直しについては、米軍基地が集中する沖縄という　地域だけの問題ではなく、我が国の外交・安全保障や国民の人権、環境保護などについてどう考えるかという極めて国民的な問題であると考えています。

このため、沖縄県では、日米地位協定の見直しを求める動きを全国に広げるために「全国行動プラン」を実施したり、渉外知事会と連携して日米両政府に抜本的な見直しを求めるなど取り組んできました。

今後とも、渉外知事会や全国知事会など全国的な団体とも連携し、あらゆる機会を通じ、日米両政府に、日米地位協定の見直しを粘り強く求めていきたいと考えています。

17

知っていますか、沖縄と基地経済の本当のこと

Denny

ここで、少し米軍基地の問題を経済の面から説明したいと思います。

お配りした『沖縄から伝えたい。米軍基地の話。Q＆A Ｂｏｏｋ』の16ページ（本書89ページ）にもありますが、皆さんの中には、沖縄の経済は米軍基地に大きく依存している、「沖縄は基地で食べている」「基地がなくなると困る」と思われている方がいらっしゃるかもしれません。

本当にそうなのか、実際の基地関連収入の推移や跡地利用の経済効果から考えてみる必要があります。

まず、基地関連収入について、日本復帰前は米軍基地が沖縄経済で大きな比率

を占めていたことは確かです。しかし、1972年の復帰以降、官民をあげた努力の結果、観光リゾート産業を中心に沖縄経済は大きく成長し、基地経済の比率は小さくなってきています。

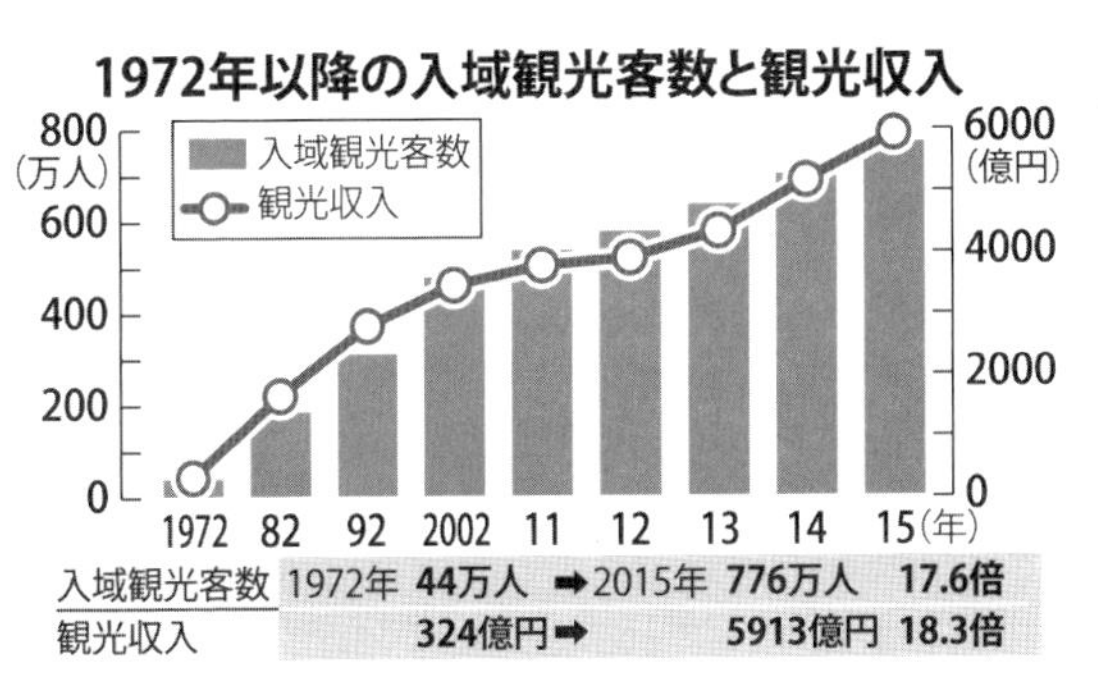

入域観光客数	1972年 44万人 ➡2015年 776万人	17.6倍
観光収入	324億円➡ 5913億円	18.3倍

具体的に申し上げますと、軍用地料や基地内で働く従業員への給料、米軍関係者が購入する商品やサービス代金などの合計を基地関連収入と呼んでおり、その県民総所得に占める比率は、沖縄が米軍統治下にあった1965年頃は30・4パーセントと、実に沖縄県の経済の3分の1を占めていましたが、復帰時の1972年には15・5パーセントと低下し、2015年では、県民総所得4兆3644億円のうち、基地関連収入は2305億円、すなわち5・3パーセントと大幅に低下しています。

また、米軍基地が集中する沖縄本島中南部は、沖縄県の総人口の8割、約118万人が集中する人口密集地域であり、市街地を分断する形で広大な米軍基地が存在していることは、計画的な都市づくりや交通体系の整備、産業基盤の整備などの経済活動の制約になっています。

私は以前から、「米軍基地は沖縄の経済と民主主義をフリーズ（凍結）させている存在だ」と言っています。

これまでに返還された中南部の駐留軍用地跡地の開発に伴う経済効果を試算すると、返還前と比べて、大きな経済効果が発生しています。例えば、那覇新都心、那覇市小禄、北谷を合わせた経済効果は、返還前と比べて28倍となり、雇用者数は72倍にも増えています。

今後、返還が予定されている駐留軍用地についても、跡地利用を推進することで、大きな経済効果が見込まれています。

人口が集中する沖縄本島中南部に出現する広大な空間は、沖縄全体の今後の発展に大きく貢献するものと考えています。

Q&A Book より

Q 沖縄県の経済は米軍基地経済に大きく依存しているのではないですか。

A 沖縄の本土復帰（昭和 47 年）時の昭和 40 年代と現在を比べると、沖縄経済における基地関連収入（軍用地料、軍雇用者所得、米軍等への財・サービスの提供）の割合は大幅に低下しています。

本土復帰前の沖縄経済は、米軍施政権の下、高度経済成長下における我が国の経済発展の過程から切り離されていたことなどもあり、総じて製造業が振るわず、基地依存型の経済構造が形成されたため、経済全体に占める基地関連収入の割合が高い時期がありました。しかし、復帰後の沖縄経済については、３次にわたる沖縄振興開発計画とその後の沖縄振興計画に基づく取り組みにより、道路や港湾、空港などの社会資本の整備に加え、就業者数の増加や観光、情報通信産業等の成長など、着実に発展してきました。

基地関連収入が県民総所得に占める割合は、復帰前の昭和 40 年度には 30.4％でしたが、復帰直後の昭和 47 年度には 15.5％、平成 26 年度には 5.7％（2,426 億円）まで大幅に低下しており、基地関連収入が県経済へ与える影響は限定的なものとなっています。

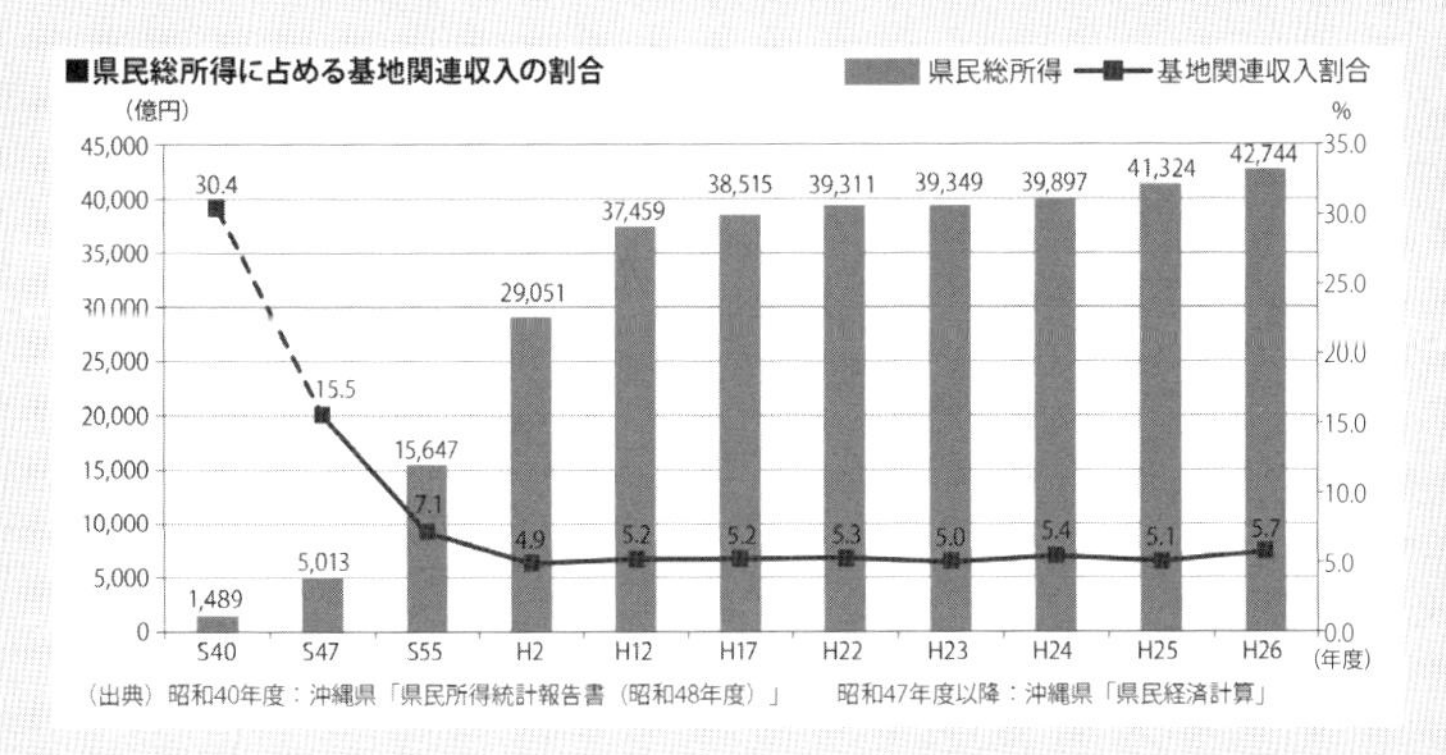

（出典）昭和40年度：沖縄県「県民所得統計報告書（昭和48年度）」　昭和47年度以降：沖縄県「県民経済計算」

Q 米軍基地と引き替えに沖縄振興が図られているのではないですか。

A 沖縄には米軍基地が集中していることから、県内外の方々に、国から特別に多額の予算が措置されている、との誤解が見受けられますが、それは違います。

沖縄振興は、沖縄の置かれた「特殊な諸事情」を踏まえ、復帰後の本土との格差是正や、沖縄経済の自立的発展のために実施されており、米軍基地の受け入れと引き替えのものではありません。

沖縄振興の根拠法である沖縄振興特別措置法は、離島振興法や山村振興法、北海道開発法と同様に、「国土の均衡ある発展」を目的とした地域振興法の一つとして制定されているものです。

沖縄の特殊事情

①第二次世界大戦末期の沖縄戦における苛烈な戦渦と、その後26年余りにわたり我が国の施政権の外にあったこと（歴史的事情）

②本土から遠隔にあり、広大な海域に多数の離島が点在していること（地理的事情）

③我が国でも希な亜熱帯地域にあること（自然的事情）

④国土面積の0.6%の沖縄に在日米軍専用施設・区域の大半が集中していること（社会的事情）

【沖縄振興特別措置法】

第１条　この法律は、沖縄の置かれた特殊な諸事情に鑑み、沖縄振興基本方針を策定し、及びこれに基づき策定された沖縄振興計画に基づく事業を推進する等特別の措置を講ずることにより、沖縄の自主性を尊重しつつその総合的かつ計画的な振興を図り、もって沖縄の自立的発展に資するとともに、沖縄の豊かな住民生活の実現に寄与することを目的とする。

Q&A Bookより

Q 内閣府沖縄担当部局予算（沖縄振興予算）は沖縄県にだけ3,000億円上乗せされているので、米軍基地を負担するのは当然ではないですか。

A 沖縄振興予算は、各種振興策を実施するために内閣府沖縄担当部局に一括して計上される予算のことで、平成29年度当初予算案で3,150億円となっています。

沖縄振興予算は、振興策を総合的かつ計画的に推進するため、他県であれば各省庁が個別に計上する、道路や港湾、病院や学校の校舎等の施設の整備に要する費用等も、内閣府沖縄担当部局が一括して計上する仕組みになっています。

他県にはない独自の仕組みであるため、しばしば誤解されることがありますが、他県と同様の交付金・補助金の枠組みに加えてさらに3,000億円の予算が別途上乗せされているわけではありません。

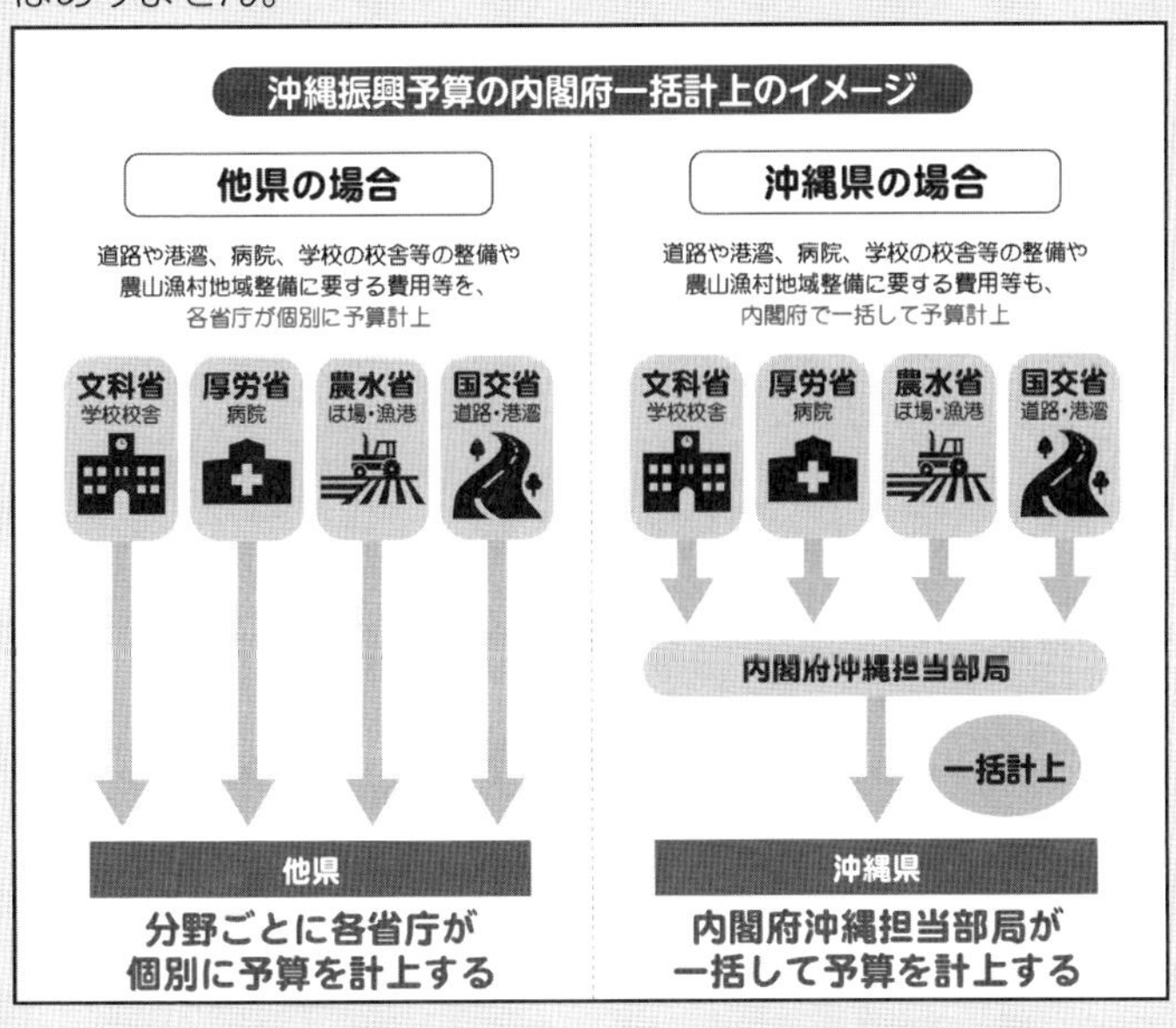

18 沖縄と日本の未来と民主主義について

Denny

私は、知事就任後の２０１８年11月に、ニューヨークとワシントンＤＣを、また２０１９年３月には、姉妹提携関係にあるハワイを訪問し、イゲ州知事やハワイ選出の連邦議会議員、沖縄からハワイに移り住んだ沖縄県系の米国市民の皆さまと交流を深めました。

私は、ハワイに住む人々に対しても、沖縄の過重な基地負担や、貴重な自然環境を犠牲にし、極めて軟弱な地盤の上に造られようとしている辺野古新基地の問題を伝え、連邦議会や州議会などへの働きかけをお願いしました。

ニューヨークとワシントンＤＣに行った時も、アメリカの皆さんに、「私の父親は海兵隊員です。ですから私は海兵隊の皆さんに敵意とかはありません。どう

18 沖縄と日本の未来と民主主義について

ぞお引き取りいただいて、皆さんの財産ですからアメリカで引き受けてください、と、大統領に手紙を書いてください」と言ったら、「Ｏｈ ｙｅａｈ ＯＫ！」と言ってくれましたよ。沖縄に米軍基地はありすぎるんです。ありすぎるから持って帰ってくださいと……。

そうしたら、「いや知らなかった、私たちにできることは何ですか？ 手紙書きます」って、理解してくれました。

アメリカの民主主義と日本の民主主義と沖縄の民主主義。私たちが尊厳を持って、大切にしようとしている民主主義に違いがあるんですか？ 未来に違いがあるんですか？ と言ったら、いや、そんなのないって答えてくれました。

そうですよね。ですから私たちは、民主主義の普遍的な価値観に基づいて、沖縄の状況を皆さんにわかっていただいて、米軍基地をどうぞお引き取りくださいと言ってるんですよ、と言ったら「それは正しい、正論だ」と言ってくれました。

しかし、その正論が通じない政府があるんですね。ですから私たちはあきらめることなく、この正論を言い続けなければいけないんです。この沖縄における基地問題の本質は、そこです。

ですから、私たちのこの民主主義、多様性あふれる国として、これから先、日本国を支えていくためには、少子高齢化で多くの外国人を受け入れないと成り立っていかないであろうということは政府も認めています。では、この日本という国家が、どういう民主主義を打ち立てていけば共に繁栄の道を歩むことが出来るのか。この原点を考えることが大事なんですね。

私にできることとは何なのかということを、多くの国民の皆さんに気づいていってもらうこと。私の話の最大のポイントは、実はそこにあります。

皆さんには、辺野古における埋め立ての現状、日本の民主主義の現状というのを、重ねて見ていただきたいと思います。これから先、日本に生まれ育ち、この国を支えていこうとする子どもや孫たちの将来を、私たちはどうやって語り、どうやって示していくことができるのでしょうか。そのことをぜひ、皆さんに考えていただきたいのです。そしてそのための価値観を共有し、皆さんにできること、それを皆さんの立場から実行していただく。これが「国民主権」であり、主権者である皆さんの取り組みであると思います。

憲法はそのことを明確に謳っています。この国は、この憲法で人権が守られている。個人の尊厳が保たれている。そういう本質的な不偏不党の価値を持っています。その価値を常に、何らかの形で私たちは呼び起こしていく、揺り起こしていく。あるいは誰かの耳元で、「おーい、国民主権だよ!」と言い続けなければいけないと思います。

18 沖縄と日本の未来と民主主義について

そして平和主義です。私がこの間中国へ行ったとき、中国の副総理に「ぜひ沖縄をアジアに向けた経済の表玄関として、日本全体の役割を担えるように協力してください」という話をしました。さらに「沖縄を平和の緩衝地帯としたい。だから習近平さんにぜひ沖縄に来てくださいと伝えてください」と言いました。

かつてゴルバチョフさんが沖縄に来て講演をなさったこともありますし、沖縄サミットの時は各国の大統領、首相が沖縄に来て、平和に向けた会議を行いました。ですからあと50年、100年先には外国の軍隊がいる必要のない、そういう沖縄をつくっていきたいと思いますし、日本も本当の平和国家として、あるべき民主主義の尊厳を守り抜く、そういう国として繁栄できるよう、私たちも頑張っていきたいと思っています。

そのためには、沖縄の言葉で言う「チムグクル」（肝心）が必要です。「チムグクル」とは、私心を持たない「真心」です。沖縄の言葉では【ウヤチール タチェーアティン クワチール タチェー ネーラン】といいます。「親を切る刀はあろうとも子どもを切るような刀なんかない」という意味です。

だから、親として大人として何が大切かということを、私たちはもう一度しっかり「チムグクル」の中で確かめながら、多くの若い人たちに、日本の将来を担う力として、私たちは期待しています。だから皆さんが描いていく日本は、本当に笑顔が大切にされる国であって欲しい。その笑顔を私たちはつくれるように頑張りたい。

みんなで話をして、立場の違う人でも違う国に生まれた方でも、その存在を大切にして話し合って、お互いの尊厳を守って、大切な問題には力を合わせて、生きていきましょうねということを、ぜひ話して欲しいと思うんですね。

時代は過ぎていきますから、ぜひ私たちも生きている間に、できることを一生懸命やっていきたいなと思いますし、そんなに切ない話ではないんですね。みんなが本当に笑顔で、力を合わせて、今を生きる。未来を生きる。そのためには過去に学び、いまを考える。将来を見通していく。

そういうことを、ぜひ力を合わせて、笑顔で、たまには歌って踊って、萎えない気持ちで、しなやかに、楽しく、みんなで頑張っていきたいと思います。

そのためには、今、渋谷駅の東急百貨店で沖縄物産展が行われています（爆笑・拍手）。今日4月25日から30日まで。渋谷駅東急東横店西館8階の催物会場です。美味しい沖縄そば、オリオンビールもあります。ラフテーもあります。海ぶどうもあります。

どうぞ、沖縄の幸せな味を味わっていただきながら、かみしめて、私たちが本当に平和を味わえる、そういう時代をつくっていきましょう。

イッペーニフェーデービタン。ありがとうございました（拍手）。

■会場からの質問に答えて

Denny

Q1　知事になって6カ月の中で、一番大変だったことは何ですか?

一番大変だったこと、今も毎日そうなんですけれども、「役所ってこれでいいのか?」とたたかい続けている毎日です。

今までは国会議員として、どちらかというと役所を追及する側の人間だったんです。それを今度は県民に答えなければいけないという、自分も変わらないといけないんですけど、でも玉城デニーという人間が役所のトップにいるんだから、やはり誰一人取り残さない沖縄の社会をつくるために変わっていこうということで、そのレスポンス（応答）をすることと、今まで役所の人たちがどんな仕事をしてきたのかということを、覚えること、あるいは話を聞くこと。毎日、例えば面談が来たら僕は15分刻みなんですね。表敬も15分、説明も15分。マックスで本当に難しい話をするときで30分なんですよ。で、間でたとえば説明が早く終わって、10分くらいで終わって「このあと4時からです」。あ、10分くらい時間があるねーと思ったら、すぐまた「知事、ちょっといいですか?」って、時間が空いてると思ったら、すぐ別の用が入り込んでくるんですね。「ちょっと説明したいんですけど」って言われて、また頭を切り替えて説明を聞かないといけない。この対応をするのが一番大変です。6カ月間、まだ慣れません。

Q2 ちょっと先のことですが、普天間飛行場が返還された跡地の利用はどう考えていますか? 代替案検討メンバーはどんな人たちですか?

前任の翁長知事もそうだったんですけれども、普天間を返して欲しいということを要求しているわけですね。世界一危険な普天間基地を返して欲しいと。それに対してよく、「わかった、では返す代わり沖縄県が代替案を示せ」という意見が出されますが、これは非常に理不尽だと思います。沖縄は、取られたものを返して欲しいと言っているだけなんですから。

しかし、そういうことでは納得しないという人がいるんだろうということで、私たちが代替案を考えるのではなくて、私たちがこのあとどういうふうに普天間の問題に向き合っていけばいいかということで、この4月から「万国津梁会議」という新しい会議を立ち上げて、その中の一つ、「平和と人権」の中で、この沖縄の基地問題について5人から6人の委員の方に委嘱をして、そこで意見を言っていただくということにしています。

ですからそこで、いろんな意見が出てくるのを沖縄県の基地行政についての参考にして政策を作っていこうとしています。ですから代替案をつくるのではなく、沖縄県が進める基地政策のためにそういうテーブルを新たにつくったわけです。

ジョージワシントン大学のマイク・モチヅキ准教授、沖縄国際大学法学部の野添文彬准教授、東アジア共同体研究所の孫崎享氏、国際地政学研究所の柳沢協二氏、琉球大学人文社会学部の山本章子講師を委員とし、第1回目の会議を5月30日に開催したところです。

Q3　安全保障は「国の専権事項」であるとされ、地方自治体には権限がないと言われるが、地方自治体は安全保障問題にどう関わることができるのでしょうか。例えば県民投票条例では、結果を米国と日本の両政府に通知するとなっており、１９９６年の県民投票でもそうなっています。県から外務省を通さずに米国に直に伝えているが、その点はどうなのでしょうか。

外交と安全保障は国の専権事項と呪文みたいにいわれますけれども、じゃあ「国が決めたから地方はそのまま国の意見を聞け」といったら、「そういうことって自分たちの生活や環境が脅かされているときに、黙って受ければいいんですか？」っていうことになりますね。しかし日本は国民主権の国です。国民が主権者なんです。そして国民とは、住民にほかなりません。

主権者、つまり住民がNOと言っていることに対しては、国は責任を持って「すみません、アメリカさん、沖縄の皆さんがダメって言ってるんですよ。ちょっと考えてくれませんか？」と言うのが、本当に政府の責任であるはずです（拍手）、しかし政府にはそれの反省ができてないんです。

私たちは、「民主主義の尊厳において、私たちの共通の、世界の普遍的な価値観で会話をしようよ」と言っているだけなんですね。だから難しいことでも何でもない。権利を持っている人たちの生活を守るのが、私の仕事ですから。ですから、私はそれに従ってやっていると自負しています、なーんて（笑い・拍手）。

Q4　翁長さんが当選したとき、首相と官房長官は会いませんでした。デニーさんには当選してすぐに会いましたが、そのときの印象は？

案外早いタイミングで会えたなと思いましたし、もともと国会議員で、安倍さんと菅さんも、一応お顔は存じ上げているということもありました。しかも私は自由党に所属しておりましたので、わりと保守側の考え方を理解するということもあったんですね。それと大きな違いは、おそらく翁長さんは、知事になる前は自民党沖縄県連のリーダーとして一番近くにいたはずだったのが、反対側に行ってしまったということがありますね。

翁長さんは今まで一緒にやっていたんだけど、向こう側に行ってアゲインストになったというふうに、たぶん捉えていたんだろうなと思います。

Q5　知事が考えるメディア・報道がもたらす役割に、期待されることを教えてください。

そうですね。営利目的に走らないということではないですか。時としてスポンサーに忖度（そんたく）するとか、これはやっちゃだめだよって（笑い）。たまにはスポンサーの顔を立てたいけど、これだけは言わなきゃいけないよね、というのは言って欲しいなということもあるので、わかりますよね。そこのバランスをうまくとって、国民がメディアから、ニュースですからね、正しい情報をきちんととれるような、そういう報道をしていってほしいと思うんですね。

Q6　私たち本土の者に対して、求めたいことは何でしょうか。

これは普天間とか辺野古とかの問題ではなく、一番大切なことは根本的なことだと思うんです。政治を「正しい政治」にさせることです。

誰を選ぶか、どんな政策を選ぶかということを、もっと皆さん話をして、こういう国をつくりたい、だったらこういう人たちに政治をさせようということを考えてほしいということですね。

日本は間接民主主義ですから、その間接民主主義を実行する代表をどう送るか。どういうふうに議会で発言してもらうかということを、やっぱりしっかりと見て選挙で選ぶ。そのために何を選ぶ基準にするのか、そのための正しい情報を共有していただきたいと思います。そうやって、私はあなたを応援するけれども監視もするよ、と言って自覚をさせることですね。

ですから本当に、正しい人に政治をさせる。正しいというか、あるべき国づくりや地域をつくろうと、努力する人を選ぶ。あなたたちはちゃんと自分で選びなさいよと、18歳で選挙権を持っている子どもたちに、大人が問いかけてあげること。

人間教育をすることが必要だと思います。そして、いい政治をつくっていくことはあと10年くらいかかると思いますけれども、そういうことを養っていく教育も大事だと思っています。

ありがとうございました（観客席に手を振る）。

沖縄全戦没者追悼式

平和宣言

戦火の嵐吹きすさび、灰燼(かいじん)に帰(き)した「わした島ウチナー」。

県民は、想像を絶する極限状況の中で、戦争の不条理と残酷さを身をもって体験しました。

あれから、74年。忌(い)まわしい記憶に心を閉ざした戦争体験者の重い口から、後世に伝えようと語り継がれる証言などに触れるたび、人間が人間でなくなる戦争は、二度と起こしてはならないと、決意を新たにするのです。

戦後の廃墟と混乱を乗り越え、人権と自治を取り戻すべく米軍占領下を生き抜いた私達ウチナーンチュ。その涙と汗で得たものが、社会を支え希望の世紀を拓くたくましい営みをつないできました。

現在、沖縄は、県民ならびに多くの関係者の御尽力により、一歩一歩着実に発展を遂げつつあります。

しかし、沖縄県には、戦後74年が経過してもなお、日本の国土面積の約0・6パーセントに、約70・3パーセントの米軍専用施設が集中しています。広大な米軍基地は、今や沖縄の発展可能性をフリーズさせていると言わざるを得ません。

復帰から47年の間、県民は、絶え間なく続いている米軍基地に起因する事件・

事故、騒音等の環境問題など過重な基地負担による生命の不安を強いられています。今年4月には、在沖米海兵隊所属の米海軍兵による悲しく痛ましい事件が発生しました。

県民の願いである米軍基地の整理縮小を図るとともに県民生活に大きな影響を及ぼしている日米地位協定の見直しは、日米両政府が責任を持って対処すべき重要な課題です。

国民の皆様には、米軍基地の問題は、沖縄だけの問題ではなく、我が国の外交や安全保障、人権、環境保護など日本国民全体が自ら当事者であるとの認識を持っていただきたいと願っています。

我が県においては、日米地位協定の見直し及び基地の整理縮小が問われた1996年の県民投票から23年を経過して、今年2月、辺野古埋立ての賛否を問う県民投票が実施されました。

その結果、圧倒的多数の県民が辺野古埋立てに反対していることが、明確に示されました。

それにもかかわらず、県民投票の結果を無視して工事を強行する政府の対応は、民主主義の正当な手続きを経て導き出された民意を尊重せず、なおかつ地方自治を蔑ろ(ないがしろ)にするものであります。

政府におかれては、沖縄県民の大多数の民意に寄り添い、辺野古が唯一との固定観念にとらわれず、沖縄県との対話による解決を強く要望いたします。

私たちは、普天間飛行場の一日も早い危険性の除去と、辺野古移設断念を強く求め、県民の皆様、県外、国外の皆様と民主主義の尊厳を大切にする思いを共有し、対話によってこの問題を解決してまいります。

時代が「平成」から「令和」へと移り変わる中、世界に目を向けると、依然として、民族や宗教の対立などから、地域紛争やテロの脅威にさらされている国や地域があります。

貧困、難民、飢餓、地球規模の環境問題など、生命と人間の基本的人権を脅かす多くの課題が存在しています。

他方、朝鮮半島を巡っては、南北の首脳会談や米朝首脳会談による問題解決へのプロセスなど、対話による平和構築の動きもみられます。

真の恒久平和を実現するためには、世界の人々が更に相互理解に努め、一層協力・調和していかなければなりません。

沖縄は、かつてアジアの国々との友好的な交流や交易を謳う「万国津梁」の精神に基づき、洗練された文化を築いた琉球王国時代の歴史を有しています。平和を愛する「守禮の邦」として、独特の文化とアイデンティティーを連綿と育んできました。

私たちは、先人達から脈々と受け継いだ、人を大切にする琉球文化を礎に、平和を希求する沖縄のチムグクルを世界に発信するとともに、平和の大切さを正しく次世代に伝えていくことで、一層、国際社会とともに恒久平和の実現に貢献する役割を果たしてまいります。

本日、慰霊の日に当たり、国籍や人種の別なく、犠牲になられた全ての御霊に心から哀悼の誠を捧げるとともに、全ての人の尊厳を守り誰一人取り残すことのない多様性と寛容性にあふれる平和な社会を実現するため、全身全霊で取り組んでいく決意をここに宣言します。

御先祖から譲り受けてぃ、太平（平和）世願い愛さしっちゃる肝心、肝清さる
沖縄人ぬ精神や子孫んかい受き取らさねーないびらん。
幾世までぃん悲惨さる戦争ぬねーらん、心安しく暮らさりーる世界んでぃし、
皆さーに構築いかんとーないびらん。
わした沖縄御万人と共に努み尽くち行ちゅる思いやいびーん。

We must pass down Okinawa's warm heart we call
"Chimugukuru" and its spirit of peace,inherited
from our ancestors,to our children and grandchildren.
We will endeavor to forge a world of everlasting peace.
I am determined to work together with the people of Okinawa.

令和元年6月23日

沖縄県知事　**玉城**　デニー

※ウチナーグチ（方言）及び英語の訳

先人から受け継いだ、平和を愛する沖縄のチムグクル（こころ）を後世（子や孫）に伝えなければなりません。

いつまでも平和で安心した世界をみんなで築いていかなければなりません。

沖縄県民の皆さんと共に努力していくことを決意します。

デニー知事 激白！
沖縄・辺野古から考える、私たちの未来

●二〇一九年一〇月一日——第一刷発行

著 者／玉城 デニー

発行所／株式会社 高文研
東京都千代田区神田猿楽町二—一—八
三恵ビル（〒一〇一＝〇〇六四）
電話 03＝3295＝3415
振替 00160＝6＝18956
http://www.koubunken.co.jp

印刷・製本／精文堂印刷株式会社

★万一、乱丁・落丁があったときは、送料当方負担でお取り替えいたします。

ISBN978-4-87498-702-5 C0036